清明

精装版

中国上乘智慧

葛浩文 著

时事出版社
北京

图书在版编目（CIP）数据

清明 / 葛浩文著 . —北京：时事出版社，2018.8
（中国上乘智慧）
ISBN 978-7-5195-0076-4

Ⅰ . ①清… Ⅱ . ①葛… Ⅲ . ①人生哲学 – 通俗读物
Ⅳ . ① B821-49

中国版本图书馆 CIP 数据核字（2018）第 137785 号

出 版 发 行：时事出版社
地　　址：北京市海淀区万寿寺甲 2 号
邮　　编：100081
发 行 热 线：（010）88547590　　88547591
读者服务部：（010）88547595
传　　真：（010）88547592
电 子 邮 箱：shishichubanshe@sina.com
网　　址：www.shishishe.com
印　　刷：三河市华润印刷有限公司

开本：880×1230　1/32　印张：10　字数：215 千字
2018 年 8 月第 1 版　2018 年 8 月第 1 次印刷
定价：48.00 元

前言

王阳明是我国明代著名的文学家、哲学家、思想家和军事家，是二程(程颢、程颐)、朱(朱熹)、陆(陆九渊)后的又一位大儒,“心学”流派的重要代表人物。其一生平乱、抚民、立说、兴学，集立德、立言、立功“三不朽”于一身，堪称历史唯此一人。他创立了以“良知”为本体,以“知行合一”为实践方法,以“致良知”为实践目标,而与程朱理学分庭抗礼的“阳明心学”,其学说影响,不仅及于中国，而且波及日、韩等东亚国家，成为东方文化的重要组成部分。

世界如此险恶，怎样才能强大内心；现实如此浮躁，如何才能走出迷茫；命运如此残酷，怎样才能收获幸福?

王阳明创立“阳明心学”，参透世事人心，终成一代圣哲。

“阳明心学”能够帮助大众在现实社会中收获轻松、自由，让心灵抛开孤独、苦闷、烦躁，得以超然解脱。读懂“阳明心学”，就能掌控自己的内心世界，从此练就强大的内心，在纷繁杂扰的世界中悠然生活，在跌跌撞撞的人生路上超然前行。

本书是体会“阳明心学”智慧的最佳读物，作者以雄健的笔力，由浅入深地探讨了王阳明的思想精髓，详尽地阐述了王阳明心学“心即理、知行合一、致良知”的核心理念，旨在让读者得以轻松领悟“阳明心学”的智慧精髓，修炼出强大的内心，开启内在的巨大潜能，获得幸福圆满的人生。

在此，笔者特别说明一下，本书是《清明：听王阳明讲心学智慧》（时事出版社 2014 年 5 月出版）的精装版，因原书广受欢迎，不少读者建议提高图书的制作档次，因此特重新审校后精装出版，以满足不同读者的阅读、收藏需求。

目录

contents

第一章　分辨善恶，感知外物
——听王阳明讲心灵智慧

003 …… 心纯是天理

006 …… 知觉处便是心

009 …… 缺乏真诚不能成大事

011 …… 心之力量

013 …… 找寻本心的纯明

015 …… 遵循自己的心性生活

022 …… 把每一件小事做到极致

025 …… 脱尽尘埃，发现心灵的智慧

第二章 常怀禅心，平常以待
——听王阳明讲平常之心

033 …… 排除杂念，心平气和
037 …… 安贫乐道，独守内心的清净
040 …… 即使孤独，也心境悠然
044 …… 活在现在的时间里
049 …… 漫步人生路，体会随遇而安的惬意
053 …… 拥有平常心，如此方能镇定
056 …… 低调，一种深邃隽永的宁静
059 …… 摒除心浮气躁，谦逊处世

第三章 磨砺剑锋，静待梅香
——听王阳明讲忍耐之心

065 …… 百经磨砺，修炼内心
068 …… 磨炼自己的本心
073 …… 人须事上磨，方能立得住
076 …… 忍一时之气，方能见海阔天空
080 …… 常怀脱俗心，一切恩怨都随风
083 …… 面对诽谤和侮辱，要内心强大
086 …… 人生如璞玉，经打磨才能绽放光彩

第四章　于物于己，不悲不喜
——听王阳明讲淡定之心

091 …… 遇过错，要处之泰然
096 …… 失败面前也从容
099 …… 要有不迁怒于人的修养
102 …… 淡泊名利看世间万物
105 …… 不悲不喜，安之若素
109 …… 不伤春悲秋，淡看岁月轮转
113 …… 面对流言蜚语，坦荡处之

第五章　反躬自省，成就自我
——听王阳明讲自省之心

119 …… 战胜自己等于战胜一切
124 …… 懂得反省，让自己更完美
127 …… 责己要厚，责人要薄
129 …… 心灵，在自省后更加纯净明澈
132 …… 反省需持之以恒
134 …… 自我反省，不执迷于细节
137 …… 自省可以让人成长

第六章　上善若水，处下不争
——听王阳明讲谦卑之心

143 …… 克制傲慢，祛除人生病垢
146 …… 不争，人生至境
149 …… 善于低头，拥有成熟的智慧
152 …… 坐而论道，作而行之
154 …… 以身作则，正人先正己
158 …… 位高不自居，功高不自傲
161 …… 不露锋芒，方得安身
164 …… 处下有容，心境宽广

第七章　去留随意，喜乐随心
——听王阳明讲喜乐之心

171 …… 心境愉快，能够预防疾病的侵袭
174 …… 享受人生的喜乐
176 …… 在心灵深处种满鲜花
180 …… 大道至简，简单就是幸福
183 …… 笑看人生起伏
187 …… 蓦然回首，幸福紧紧跟随
190 …… 快乐是平常心态结出的圣果

第八章　用出世心，做入世事
——听王阳明讲彻悟之心

197 …… 坚定自我，保持内心的沉着安静
200 …… 淡泊人生，不为名利所累
202 …… 入乎其内，出乎其外
207 …… 要深谙处世之道，方圆并济
210 …… 于沉浮中仍不辱使命
212 …… 珍惜拥有，乐在其中
215 …… 云水随缘，生死由他
219 …… 浮华终究落幕，简单至上

第九章　立志不坚，终不济事
——听王阳明讲立志之心

225 …… 先立志，再成事
228 …… 锁定目标，全力以赴
230 …… 立志，要有正确的方向
234 …… 目标，人生的动力
236 …… 立志不移，坚持不懈
238 …… 寻找适合自己的人生轨迹
241 …… 好高骛远，终会跌倒

第十章　知是行之始，行是知之成
——听王阳明讲知行合一

247 …… 排除干扰，朝着锁定目标前进
252 …… 性格的磨砺，需要坚持
256 …… 外物勿扰，独立无惧
260 …… 抱定志向，全力以赴
262 …… 持恒守志，智慧无限
264 …… 成功就要身体力行

第十一章　善念在心，真亦在心
——听王阳明讲存善之心

269 …… 谦让仁和，受益的不只是自己
272 …… 容人之过心地宽
275 …… 将心比心，推己及人
278 …… 少一些责备，多一点赞美
281 …… 用善与爱，感受恶与恨

第十二章　持之恒心，付之耐心
——听王阳明讲信念之心

287 …… 自信的力量
289 …… 带着信念飞越荆棘
294 …… 命运掌握在自己手中
298 …… 用心发掘自己的潜力
302 …… 摆脱欲望的控制
305 …… 圣贤不重虚名

第一章

分辨善恶，感知外物

——听王阳明讲心灵智慧

心纯是天理

此心若无人欲，纯是天理，是个诚于孝亲的心。冬时自然思量父母的寒，便自要求个温的道理，夏时自然思量父母的热，便自要求个清的道理，这都是那诚孝的心发出来的条件。却是须有这诚孝的心，然后有这条件发出来。

——《传习录》

如果这颗心没有个人欲望的牵绊，而是完全按照事物的规律来行事，便是颗真诚孝敬父母的心。冬天来临时自然会考虑到父母将会经历的寒冷，自己就会去找寻保暖的方法；夏天来临时自然会考虑到父母将会体验的酷暑，自己就会去探索减热消暑的途径，这都是那颗真诚孝敬父母的心所产生的自然的行为。但是，必须有这颗至诚孝敬父母的心，才会有这些孝敬父母的行为产生。

王阳明认为，“心纯是天理”，是一种境界，也是一种态度。“态度决定一切”，也是从这里衍生而来。我们做事的态度往往决定了这件事完成的质量。只有真心想做好一件事，才会想方设法完美地完成它，才会在完成这件事的过程中改变自己、提升自己，将被动转化成主动。

如此可见，王阳明想告诉我们的是：无论我们正在做怎样的一件事，都要用“真心”去做，拿出最真诚的态度，才能越做越带劲儿，越做越有动力。

众所周知，在生活中，如果一个人是百分百自愿地想完成某件事，便会产生无穷的动力，将有可能把这件事完成得非常完美。

这便用事实印证了王阳明所说的“此心纯是天理”的道理。

百分百自愿地去做一件事会不会出现奇迹？我们接下来要分享一位美国金融出版家“半路出家”学习交响乐指挥，最终成为权威的马勒交响乐指挥家的故事，也许能给您一些启示。

年轻时的吉尔伯特·卡普兰，是身价百万的某金融报纸的主创人。从小到大，他所受的音乐教育也仅限于小学时期的几堂业余钢琴课。对于音乐，他只是个门外汉。许多认识他的人都以为，他将一直会在金融出版业发展，直到他24岁那年第一次听到了优美的马勒交响乐的排演，一切都发生了改变。

马勒交响乐的旋律在那次排演中，引起了卡普兰的强烈共鸣。那一晚，他被感动得彻夜难眠。紧接着，另一次马勒交响乐的演奏彻底将卡普兰改变。那一次演奏，让他真切地感受到生命的伟大，仿佛有一种东西在他内心深处翻涌着，欲要破茧而出。

之后，卡普兰为自己开启了一段起初旁人难以理解的传奇人生旅途。他花了一年多的时间在世界各地辗转，只为聆听马勒交响乐的每一场演出；他甚至从前途无量的金融出版业跳脱出来，拜著名指挥家为师开始学习音乐指挥，他更是花重金竞拍到《马勒第二交响曲》的乐谱手稿，对照马勒的信函和日记，自发地进行细致深入的研究……

经过十多年的努力学习，卡普兰终于从指挥界的“菜鸟”晋升成“最专业的业余指挥家”。就连音乐界里最权威、最苛刻的音乐评论家也对他的指挥表示认可和赞美。

为什么卡普兰可以从一个连基本的乐理知识都不了解的人成为世界级的音乐指挥家？答案显而易见，是因为他将全身心都投入到了学习和演奏上，这也与王阳明所描述的“心纯是天理”的境界不谋而合。

把工作或者事业当作一种享受而不是苦差，这样的境界使得不管在任何时候，工作都散发出其他事物不可比拟的魅力，使人的注意力专注于此，将其全部的精力和感觉集中于此，并且抛开其他事物的干扰，这样的工作效率才是超乎想象的。

想象一下时常在生活和工作中发生的，人们心里想做、却又不得实行的矛盾状态，如若用全身心、无冲突的思维方式和行动，也许已将工作与娱乐以各种方式融合在一起，工作即娱乐，收获即快乐。

不过，在生活中也许并不常有像卡普兰这样“灵感一现”的奇遇，那又该如何用达到“真心”做事的境界呢？

其实“真心”并不难找。只要心中无物即是真，一心无二便是心。真心存在于我们每个人的内心，返观内照、去除杂念，真心便在那里。

当我们思绪杂乱、注意力不集中时，可以试着观照我们自己行动的每一个细节，我们的身心状态。如果在观照中感到心烦意乱、神智游离，不要因此泄气，因为慢慢地就会达到心神高度融合、无物无我的状态，这个时候再做任何事都能更快更好地完成。

这源于我们在体察自身的行动时，即开始忘记了对于“自我”的执着，不再纠缠于自我的心理冲突之中。古人云：“心者，万事之枢纽，必须忘之而后觅之”，就是说要我们忘掉一心二用的“妄心”，才能找到做“万事之枢纽”的真心。

物我两忘，人事合一。我们的行动将出于自己内心的本能，合乎道的规律，不再怀疑、畏缩、恐惧，也不会再分心，工作效率自然会大增。

知觉处便是心

心不是一块血肉。凡知觉处便是心。如耳目之知视听，手足之知痛痒。此知便是心也。

——《传习录》

心并不等同于任何一块具体的血肉。凡是有知觉的地方就是心。例如，耳朵和眼睛的知觉是听和看，手和脚的知觉是知晓自己的痛与痒。这样的知觉便是心。

曾经有这样一句诗:“我的心不是任何一个形状的固体，我的心已经融化，与我的血液交织在一起。”出乎意料的是，这句话竟然与王阳明的观点不谋而合。

王阳明认为，有形的心是指位于胸腔之内、膈膜之上、两肺之间，形似倒垂未开之莲蕊，外有心包护卫，促使血液循环的重要器官。而与有形的心相对的便是无形的心，它指的是我们的灵魂，也称为心灵。一个人的人格、思想、精神、情感便是灵魂。灵魂也被比喻为事物中起主导和决定作用的主要因素。一个拥有健全灵魂的人，便是健康的人。我们的灵魂就是我们的心，也是我们的思想意识，我们的思想意识有时又决定着我们的一些行为。当我们的眼睛对美色恋恋不忘时，即是我们的心想着美色；当我们的手脚遭遇刺伤时，即是我们的心在感知痛苦。由此可见，心既是我们的行为指导，又是我们肉体的知觉所在，这就是王阳明所说的“凡知觉处便是心”。

当一个人想要获得成功的时候，他的心便会促使他的身体为了达到目的而做出各种努力。这便是意识对身体行为的一种指导。俗话说:“言为心声。”这个道理指的是，我们所说的每一句话，所做的任何一件事，其实都在诉说我们的内心。

我们的心是否总是指导我们做正确的判断？我们可以从《吕氏春秋》中记载的一个小故事里得到答案:

古时候，有个农夫不小心丢了自己的斧子。他发现邻居家的小孩经常在自己的园子里玩耍，便怀疑是那小孩调皮捣蛋偷了自己的斧子。从那以后，他每天都在观察小孩的动静。不论小孩做什么事、说什么话，在农夫的眼里，他都是偷斧子的最大嫌疑人。又过了几天，农夫在园子里耕作时，找到了自己的斧子，原来是他自己将斧子遗忘在园子里。此后，农夫每每再看见那个他曾经怀疑过的小孩，都不像是一个顽皮的“小偷”。

这个小故事告诉我们，我们的心有时也会做出错误的判断。而要让我们的心做出正确的判断，不仅要靠先天的意识，更要在后天的实践生活和理论学习里积累正确的思想和意识。

当我们遇到问题时，一定要经过调查再做判断，绝对不能仅凭心的感觉胡乱猜测。若是胡乱猜测，只会加重心的错误判断。这就是说，我们做任何判断都要从实际出发，不能凭主观臆断来衡量事物。这样，我们的心才会产生正确的知觉。

心的正确知觉是生活里的思想指导，它有助于我们的生活和事业，而心的错误知觉只会对我们的生活和事业起到阻碍的作用。我们都知道，我们周围有一些人做事时，仅凭自己的心来做判断，无所谓是正确的或是错误的判断。其中，也不乏很多领导，他们常常会忽略客观、公正的审核，仅凭自己的主观意志来任命一个人。这样的感情用事，也是大多数人常常犯的错误。无论在生活或工作中，为了创造一个和谐的氛围，我们一定要做到对事不对人，更不能戴着“有色眼镜”去看待别人。

心，为何物？它不是一块血肉，凡知觉处皆为心。我们对人、事、物的看法都出自我们的心，正确的知觉对我们的人生有指导作用，错误的知觉只会阻碍我们的发展。管理好自己的心，才能管理好我们的人生。

缺乏真诚不能成大事

凡学问之功，一则诚，二则伪。凡此皆是致良知之意，欠诚一真切之故。

——《传习录》

凡是做学问的功夫，专一就是真诚，三心二意就是虚伪。导致美好道德意识的原因，都是缺乏真诚、精一、真切的缘故。《大学》言："诚其意者，如恶恶臭，如好好色。此之谓自慊。"你见过一个讨厌恶臭、迷恋美色的人需要被鼓励才能坚持这样喜好的吗？你见过一个人把事情都做完后还感到比做的时候更加疲惫的吗？你见过一个人被情急之事所逼而精力不够用的吗？

人生的路上，我们最强大、最永恒的敌人永远都是我们自己。而一颗不能专一、真诚的心则是我们最可怕的敌人。我们需要让自己一心一意，才能做到不断地自我进修，成为一个能获得成功的人。

除了不断地求索、自我进修之外，我们对事物积极主动的态度，也是非常重要的。有人说过这样一句话："我们做任何事情都应积极主动，否则就是自我弃权。"说的就是这个道理。

我们所关注的成功人士，他们并不是仅靠自己完美的专业知识取胜，他们对事物积极主动的态度才是他们能成功的最大因素。作为商人的他们，对市场变化的敏锐度很高，只要是能产生利润的事，他们都会积极努力想尽办法做起来，他们永远充满活力。显而易见，是积极主动的态度推动了他们的成功。

相反，消极被动的态度只会降低成功的概率。当被动的意识占据大脑时，我们的主观能动性便会降低，我们会变得懒散，不愿思考，总是重复着"记忆—遗忘—再记忆"的过程，这对我们的发展十分不利。

积极主动的人一般都表现为性格开朗、乐于主动思考。遇事时，他们会为此事做好几个不同的解决方案，甚至有时事不关己，他们也愿意主动加入，帮助别人一同解决。具备这样一种主动求索的心态，将促使他们更快地获得成功。

而消极被动的人就恰好相反，他们不爱思考，不会主动解决事情，他们会做的只是等待别人来差遣自己做事。他们乐意听别人的指令和帮助。"各人自扫门前雪，莫管他人瓦上霜""不在其位，不谋其政"是他们的真实写照。这样的消极被动，会让他们越来越迟钝，甚至连自己的人生都不愿考虑。

我们不难发现，在同一家公司里，升职最快的大多都是那些对待工作和生活积极主动的人。他们有一个共同点——会为自己做好充分的职业规划。在忙完自己的工作后，他们会为自己创造条件不断地自我充电、学习新的知识、培养新的能力。而那些当一天和尚就撞一天钟的人，只会在下班回家后玩游戏、看电视，用最轻松、散漫的方式度过下班回家后的时光。这样的人，只能在自己现有水平的职位上游走，没有晋升的机会。

由此可见，若想取得成功，我们不论在工作或生活中，都要努力培养自己积极主动的人生态度，要不断地学习、改正、再学习，要不断地提高自己的能力。

心之力量

爱问："至善只求诸心，恐于天下事理，有不能尽。"先生曰："心即理也。天下又有心外之事，心外之理乎？"

——《传习录》

王阳明的妹夫徐爱曾问过他一个问题："仅在心里求索最高的善，恐怕不能解释天下所有的道理吧？"王阳明回答道："心就是道理。道理都在心中，世间哪里还有存在于人心以外的事物和道理呢？"

王阳明所创之心学的核心思想是："心就是理，心外无物"。

关于“心外无物”这个问题，王阳明和他的朋友还有一段著名的对话：

一次，王阳明和一位朋友在南镇游玩，朋友指着花树问道：“天下无心外之物，如此花树，在深山中自开自落，于我心亦何相关？”王阳明答道：“你未看此花时，此花与汝心同归于寂。你来看此花时，则此花颜色一时明白起来，便知此花不在你的心外。”

对于王阳明来说，世界上的所有问题都能在自己的心里找到答案。他还在《咏良知》一诗中写道：“人人自有定盘针，万化根源总在心。却笑从前颠倒见，枝枝叶叶外头寻。”世界上万事万物的根源，都在自己的心里。“我相信，我们每个人的身上都有一种力量，这种力量可以帮助我们有健康的身体、美好的友谊、美妙的职业，给我们带来各种各样的成功。首先，我们要相信这种力量的存在，然后释放一些不必要的阻碍，深入内心去感受这种力量，因为它知道什么对我们是最好的。如果我们愿意把生命交给至高的爱和支持我们的力量，就将拥有成功并充满爱的生命！”这是美国著名作家露易丝·海对心灵的看法。

我们都知道，我们本身有很多未被激发的潜能，它们蕴藏在我们的潜意识里。随着年龄增长、阅历增多，一些潜能被某种消极心态和信息压抑着，使得这些能量无法显现。反之，若是消除一些负面情绪和消极心态，我们潜意识里的能量便会被激发出来，产生无穷的力量。

有些人为了快速获得成功，经常通过某些名人写的书去寻求答案。然而，他们收效甚微。他们常常会有这样的疑问：我天天读卡耐基为什么还是将人际关系处理得一团糟，我天天读《曾国藩》为什么还是仕途失意，我日夜学胡雪岩为什么仍然在贫困线上挣扎？答案是：他们只学得其形，未学得其神。没有经历过大人物所经历过的心路历程，仅仅是对他们某些行为的模仿是徒劳的，这些现实现象也证明了“心”的重要性。

全身心地投入，发现事物的内在联系，按照事物的规律才能真正地解决问题。而要让自己全身心投入，便需抛弃三心二意的想法，做到返璞归真，重返童心。

找寻本心的纯明

人之心体，本无不明。而气拘物蔽，鲜有不昏……今必曰穷天下之理，而不知反求诸其心，则凡所谓善恶之机，真妄之辨者，舍吾心之良知，亦将何所致其体察乎？

——《传习录》

王阳明曾写道：人的心灵本体，原本是明明白白的，但是由于气量的拘束和物欲的蒙蔽，慢慢地变得昏暗模糊……假如仅在当下就要穷尽天下所有的道理，却不知道探索于自己的内心，这就是在善恶的临界、真伪的分辨中，舍去了良知，那要怎样才能体察到真假的异同呢?

重返童心，即做回心灵上的儿童。这也是李贽在王阳明的“本心”之上衍生出“童心说”的基础。人们只要回到了初来人世时的淳朴自然的状态，便能清除蒙蔽了“本心”的那些物欲，恢复“本心”纯明，激发内心的巨大能量。

继承王阳明思想的明代哲学家李贽对童心还做了如下解说：“夫童心者，真心也……若失却童心，便失却真心；失却真心，便失却真人。”在他看来，童心，就是真心，如果失去了童心，便会失去真心；失去真心，便会失去真实的自己。而人一旦变得不真实了，完整的人格也就不存在了，心的能量也会被压制。

童心，是心灵的本源；儿童，是人生的开始。心灵的本源是不能遗失的。

刚来到这个世上的小婴儿脑袋空空，处于完全无知的状态，他们不懂世人的情感，世事的纠结，他们对物欲横飞的金钱社会全然不知，更不知追逐名利和金钱。他们单纯，他们毫无杂念，他们快乐无比。

但是，随着婴儿的长大，他们的心开始渐渐地蒙上纱。世间不论好的坏的言论都影响着他们的心，逐渐地，童心不在，人已不单纯。他们甚至不通过自我实践，便追逐世人所认为的好的东西，摒弃他人所言的坏的东西，久而久之，童心泯灭，真心不在。

童心的失去，意味着真实的、真诚的言论将不复存在。

失去童心的人是这样做人的：对待人，他会投其所好地说假话；为了让人信以为真，他会做一些假的事情；为了获得赞赏，他会写言不由衷的文章。当更多的人失去了童心，这个世界只会变得越来越虚假。不明真相的人们便在这虚假的世界里翻滚，痛苦地过完自己的一生。

而能从这痛苦的世界里解脱出来的办法只有一个：那就是重返童心，真实地面对自己和世界。

遵循自己的心性生活

苟当其能，则终身处于烦剧而不以为劳，安于卑琐而不以为贱。当是之时，天下之人熙熙皞皞，皆相视如一家之亲……若一家之务，或营其衣食，或通其有无，或备其器用，集谋并力，以求遂其仰事哺育之愿，唯恐当其事者之或怠而重己之累也。

——《传习录》

王阳明认为，一个人得到了自己称心如意且在自身能力范围之内的工作，那么即使他从事的工作十分繁重也不会觉得劳累，即使他从事的工作非常低下和琐碎也不会觉得卑贱。那时，天下的人都开开心心，都像对待家人一样对待其他人……整个天下都像是一家人，一些人负责衣物、食物的工作，一些人经商互通有无，一些人准备器具供大家使用，大家群策群力，以达到教育子女、赡养父母的心愿，唯恐自己做得不好，拖累了大家。

几千年来，为什么这么美好的生活都没能实现呢？

原因是人们都没有顺应自己的性情来生活。在这个物欲横飞的世界里，人们很容易被物欲遮蔽，导致看不明事物的真相，更加看不清自己。人们不知道自己的长处和短处是什么，更无从谈起取长补短、为自己找到适合的位置了。在这样的生活环境下，人们很容易迷失自我，成为他人谋权谋利的工具，更有甚者会为此而成为“物欲的囚徒”。

人们总是看着他人成功，便毫无根据地认为自己也能获得这般成就，好高骛远，不切实际，最终带来的只有失败和不解，就像下面故事里的那只如飞蛾扑火般的乌鸦一样，丧失自我，丢掉尊严。

有一只乌鸦，原本过着快乐的属于自己的生活。尽管它天天都以食用腐烂的食物为生，但这顺应了乌鸦的生活。一次偶然的机会，乌鸦看到了威猛的老鹰从高崖上急速俯冲而下，将地上的一只羊羔轻松抓走。从那以后，乌鸦开始对老鹰的盲目崇拜和模仿。它从早到晚练习急速飞翔和抓捕动作，盼望有一天也能吃到新鲜的羊羔。

终于，在多次练习后，它展开了对羊羔的捕猎。只见它俯冲而下，猛扑在一只羊身上，紧接着它开始拼命地拍打翅膀，试图飞起来。结果，它不但没有捉到羊，自己的脚还被羊毛缠住，怎么都拔不出来。牧羊人发现后，将乌鸦捉住并且剪掉了它翅膀上的羽毛带回家给孩子们玩儿。他对孩子们说："孩子们，我们一定不能做不自量力的人，若是像这只乌鸦一样，盲目地模仿老鹰，下场就只有像它现在这样。"

这个故事充分地告诉我们，我们应该按照自己的性情来做事做人，用心思量什么样的生活适合自己，努力过好当下的生活，才能让自己过上美好的生活。

怎样做才算是顺应性情地生活呢？首先，我们需要静下心来，用心体会我们曾经经历过的痛苦和快乐。顺应性情生活的是让我们快乐的部分，违逆性情生活的便是那些让我们感到痛苦的事情。如此一来，当我们对生活和工作体会得越多，我们的心就会越明朗。

当我们的心变得明朗无比时，我们就不容易被引导到错误的位置上，这就是顺应性情生活。我们经常发现，从事衣食劳作的人都是性情沉着而踏实的人；从事商业贸易等活动的人都是性情灵活的人；从事精细的器具制造等工作的人都是性情细致的人；而从事教育工作的人都是性情温和且颇有耐心的人……这样的现象便是王阳明所倡导心学的核心——"致良知"的现实写照。

先生曰："人胸中各有个圣人，只自信不及，都自埋倒了。"因顾于中曰："尔胸中原是圣人。"于中起不敢当。先生曰："此是尔自家有的，如何要推？"于中又曰："不敢。"先生曰："众人皆有之，况在于中，却何故谦起来？谦亦不得。"于中乃笑受。

王阳明曾和弟子于中、陈九川、谦之在虔州一起探讨学问。他说道："每个人的心里都住着一位圣人，只因为自信不够，亲手将自己的圣人掩埋了。"他对弟子于中说道："你心里原本有个圣人。"于中站起来连连说着不敢当、不敢当。先生接着说："这本来就是你有的，为什么非要推脱？"于中回答道："弟子不敢当啊。"王阳明说："大家的心里都有圣人，何况你于中，为何要为此谦虚起来？这可谦虚不得啊！"此番话后，于中才笑着接受他的观点。

从他们的对话里，我们看得出来，王阳明认为我们每个人的心里都住着一位完美的圣人，每个人都是独一无二的，仅仅因为自己的不自信才让心里的圣人——真正的自我——藏了起来。

自信心于我们而言，是十分重要的品质。若是不够自信，就会失去自我。尽管我们常常被长辈教诲："一定要对自己有信心！"可是往往在关键时刻，我们还是会怀疑自己，就在怀疑的过程中，很多机会便一闪而过，这样恶性循环，带来的只会是一个不完美的人生。

为什么我们会常常怀疑自己？原因如下：我们所生活的世界，本身就不是一个完美的世界，我们常常被一些负面因素影响着，在无法分辨的情况下，我们会不由自主地将真实的自我遮蔽起来，展现出来的是为了迎合世界而并不真实完善的自我。久而久之，我们将会自己也看不明白自己。这样的不清不楚往往会导致人们变得心胸狭窄、自暴自弃、散漫懒惰、做事拖拉……最终，我们便会越来越不相信自己，自卑感也越发浓重起来。

假使我们用心生活，就很容易甄别出负面的因素，进而坦然地拒绝和屏蔽，让自己的内心清明、坦然。就像圣人孔子所说的“仁者不忧，智者不惑，勇者不惧”一样，只要我们做到不忧、不惑、不惧，便能使我们的内心越来越强大，从而做到独立傲然于世间。

在一次世界级优秀指挥家大赛的决赛中，世界著名的交响乐指挥家小泽征尔就因为他强大的信心而一举成名。

在比赛的过程中，所有指挥家都按照评委会给出的乐谱指挥演奏。其他的指挥家都很顺利地完成了自己的演奏，只有小泽征尔在演奏时兀自停了下来。因为，他在演奏中敏锐地发现了不和谐的音律和节奏，对此，他认为评委会给的乐谱有问题。当他对评委的乐谱表示质疑的时候，评委们都给予他否定的言辞，并让他继续指挥接下来的演奏。面对众多评委，小泽征尔斩钉截铁地说：“一定是乐谱出错了！”话音刚落，评委们不约而同地站起来为他鼓掌欢呼并祝贺他赢得了这次比赛。

其实，乐谱出错是评委们埋下的一个伏笔。面对来参赛的都是水平相当的指挥家，评委们只能从他们的自我肯定度来选择内心最强大的指挥家。一个内心强大的指挥家，是不会被权威人士的集体否定所吓倒的，也不会受任何言论的干扰。因此，小泽征尔作为当场比赛中内心最强大、最相信自己的人而胜出比赛。

萧伯纳曾说："有信心的人，可以化渺小为伟大，化平庸为神奇。只要你对自己充满信心，便给了自己一个表现的机会。"我们应该相信王阳明所说的，每个人的心里都住着一位圣人，为你的"圣人"提供一条可以行走的路，他便会走得稳稳当当，与你一起，走向成功、快乐和幸福。

自信心固然重要，我们也要避免过于自信而变成不自量力的乌鸦，不要因为过于高估自己而得不偿失。

王阳明认为，若是经过一番学习后，仍然不知道心的本体本来是纯净无物的，并且固执、有意地去做某件事，人心的本体就不再坦荡平和、无一物了。《尚书》中说的"不要有意为善为恶"，才称得上是心的本体。

心的本体又是什么呢？王阳明认为，它就是"良知"。他亦认为，无论是谁，都是有良知的。不管是强盗、小偷、妓女、罪犯，还是高高在上的圣贤人、官员大臣，都是有良知的集合体。而圣凡贤愚的唯一区别只在于自己的良知有没有被物欲所蒙蔽，以及被蒙蔽的程度大小不一样。

先天的良知本来是没有善恶之分的，只是当良知被物欲蒙蔽后，人们才会对世上的善恶做出区分，开始将以善为美、以恶为丑作为判断标准，并开始有意行善，或故意行恶。

王阳明认为，不论是有意为善还是故意作恶，都违背了良知。就像他曾经说过的："心体上着不得一念留滞，就如眼着不得些子尘沙。些子能得几多，满眼便昏天黑地了。""这一念不但是私念，便好的念头亦着不得些子。如眼中放些金玉屑，眼亦开不得了。"意思是，人心的本体留不得一点杂念，就像眼睛进不了一点沙子一般。不需要太多的沙子，就足以让双眼昏天暗地看不清东西。这个念头不单单针对行恶的念头，就连好的念头也残留不得。就像眼睛里放入一些金子和宝玉的碎末，眼睛也是无法睁开的。这两段话表明了王阳明关于良知的态度，即告诫人们若想获得纯真的良知，就一定不能被物欲沾染。

很少有人能做到无偿奉献和无偿为善。那些奉献和行善的人，有些是为了获得金钱的回报，有些是为了得到名誉的回报，有些是为了得到好的命运的回报。就如同有些信佛者一般，虽信仰为多行善少行恶，但在他们的本心中，渴望的是成仙成佛，或来世的幸福生活……所以，这并不是"真善"。何为"真善"？就如蒲松龄所说的"有心为善，虽善不赏"一样，真正的善是不奢求任何的赏赐和交换的。

至于"伪善"，蒲松龄在他的《聊斋·黎氏》中曾描写过一个人物——狼妖黎氏。刚被娶进门的黎氏"妇便操作。兼为儿女补缀，辛劳甚至"。俨然一副贤妻慈母的形象。但是，她这样做的目的是想吃掉谢生的儿女，为了获得信任，她装模作样，这便是"伪善"。

然而，行恶就永远不能被谅解吗？对此，蒲松龄又说了："无心为恶，虽恶不罚。”即无心犯错行恶，若及时改正，便可得到谅解。《聊斋·莲香》中的女鬼李氏与桑晓相好，但她身上的阴霾之气使桑生一病不起。而李氏并无谋害桑晓之心，即为“无心为恶”。对此，她并没受到惩罚，反而因为自己的真诚死而复活，与相爱之人共结连理，相爱终生。

因此，不管为善为恶，其实都是对生命的危害。无意犯错而被惩罚本身就是一种危害，为了名声而有意为善也会导致人性的虚伪和本性的背离。若想还原生命的“本真”，便只有将有意的“善”“恶”都放下，方能达到。

——• 把每一件小事做到极致 •——

我辈致知，只是各随分限所及。今日良知见在如此，只随今日所知扩充到底；明日良知又有开悟，便从明日所知扩充到底。如此方是精一功夫。

——《答聂文蔚（二）》

王阳明写道：我们学习知识，都是根据自己的能力来尽力而为。今天学习到一定的程度，就从今天所能理解到的基础扩展到底；明天的学习提升到另一个程度，就从明天所能理解到的基础扩展到底。这样才是专一、踏踏实实学知识的功夫。

这段话想告诉我们的是，我们做任何事都要懂得循序渐进，要按照自己的能力来制定下一个目标。无论是谁，都不能“一口吃成个大胖子”。只要从小事做起，并且持之以恒，便能以充足的准备来迎接新的机会。

对于细小的事情，很多人都认为是不足以做的。善小而不为、钱少而不挣的现象在现实生活中有很多很多。殊不知，真正的善人，其实是从小善做起；而真正的有钱人，都是从零星的小钱挣起的。有了这般身心之路的历程，才会使心灵成长，素质提高。

就像老子所说：“合抱之木，生于毫末；九层之台，起于累土；千里之行，始于足下。”合抱的大树，是从细小的树苗生长起来的；九层的高台，是由一筐筐土堆积而成的；千里的远行，是从脚下第一步开始的。一秒钟看似微不足道，但我们的人生却是千千万万的一秒钟的集合。老子还说：“图难于其易，为大于其细。天下难事，必作于易；天下大事，必作于细。是以圣人终不为大，故能成其大。”意思是说，天下的难事是由一件件容易之事堆积而成，天下的大事也是由一件件小事所组成。正是这个原因，成就了伟大功业的圣人。从不好高骛远地去做所谓的“大事”，而是扎扎实实地从身边的每一件小事做起，将每件小事、容易的事做到极致，最终做成大事。

由此，不论是科学家还是文学家，抑或是拥有巨大财富的商人，他们都是从细小的事做起，渐渐走向辉煌。

电话的发明者贝尔就是一个典型的例子。一开始，贝尔只是一个聋哑学校的老师，在教学过程中，他与一位聋哑学生相爱并结婚了。由于妻子常年听不到声音，让贝尔越发苦恼起来。为此，他很想为妻子发明一种工具，使她能听到自己的声音。

就在这个单纯的目的驱使下，贝尔开始学习电学知识。他从最细小的知识开始学起，并一一解决学习中的所有问题。长时间的学习使他获得了不少启发，他开始设计电磁式电话。在完成一系列的细小问题和反复不断地试验后，他终于发明了电话，成为了造福人类的伟大发明家。

我们经常会听老师说这样一句话：年轻人做事业应该从基层做起，为以后做大事打好基础。但现实却如美国波士顿大学的一位教授所说：“大学生有一种危险，那就是关心其他的问题胜于关心眼前的问题。年轻人过于自信，把许多事情看得十分简单，而认为不值得用全部精力去做而导致失败的例子屡见不鲜。”

这便是现在很多年轻人的一个弊病，没做过什么事，却一心只想做大事，挣大钱，完全忘了积少成多、积跬步以至千里的永恒道理。

因此，若是真正想成就一番事业的年轻人，必定要先从小事做起。有了这番路程之后，才会为将来的大事打好基础、做好准备。

脱尽尘埃，发现心灵的智慧

虚灵不昧，众理具而万事出。心外无理，心外无事。

——《传习录》

王阳明认为，世界上的道理和事物都是由心而生。只要人的心灵达到“纯是天理”“虚灵不昧”，也就是非常安宁、专一的状态时，便能看到万事万物的道理和发展规律。

或许，有些人会觉得这是一种唯心主义的说法。但是，如果我们从另一个角度来解读，便能理解王阳明的真正用意了。他想告诉我们的是，只要专注于自己所做的每一件事，努力解决生活中的细小问题，便能从这样的过程里看到旁人所不能看到的一些事物的特性。一个人只有完全抛开杂念，完全沉浸在自己所做的事上的时候，才会完全将物欲和自我排除在外。

随着社会不断向前发展，人们越来越注重向外追求物质利益，这样发展下去，必然使得人的精神越来越和自己的心灵分离，使人趋向于“物质化”，在人的心灵深处愈感孤独、苦闷、烦躁、矛盾。

如何让人们既精神富足又具有财富呢？儒学所倡导的“正心

修身、平治天下”的“内圣外王”修养之道，既强调涵养心灵，又不失进取精神，是解决这一问题的最好方式。

有些人付出了很多努力也无法达到成功的目的，原因在于：这些人过于追求物质，物欲太强，他们对金钱、地位、名利的贪婪，让自己的心灵越加沉重。怎样才能实现这样的人生高度呢？首先，得让自己的心灵先达到一种脱尽尘埃、充满光明的境界，在心灵能承受的范围里，完成那些外在的人生高度。

其实，在今天的社会里，要想更好地实现自己的人生高度，更重要的是让自己的心灵也达到一种高度，找到心灵的智慧，一种脱尽尘埃、充满光明的境界。

当我们坐飞机时，能够看到一种奇特的现象。当飞机上升到一定高度，超越了雷雨交加的云层后，电闪雷鸣的现象便会消失殆尽，迎来的是温和的天气，平稳的飞行。

其实，当我们的心灵在跨越了某片特定的云层、超越了冲突之后，同样会看到云层之上的晴空万里，没有一丝阴霾。我们的心灵就像获得了某种自由一般，达到了某个高度的精神境界和追求。当我们带着这种更高的精神境界和追求，回到现实中来时，智慧和聪明仿佛被提高了一个层次，我们不仅能用独特的眼光来看事物，还能发现一些以往不能注意到的细节规律，能承受更大的压力和磨难，从而使自己的决策和行动似乎具有“神来之笔”……

孟子曾说过“万物皆备于我”，意思是我们的心中都是具备万物的知识和规律，一个人只要“尽心、养性、反求诸己”，就可以将这些规律都发掘出来。他还说："人之所不学而能者，其良能也；所不虑而知者，其良知也。"

那么，认识和掌握孟子所说的良知、良能有什么好处呢？

对此，王阳明也有自己的理解："夫人心本神，本自变动周流，本能开物成务，所以蔽累之者，只是利害毁誉两端。如果我心不动，以顺万物之自然，只是触机神应，就能够发挥良知妙用。"这段话的意思是说，人的"心"原本就有神奇的作用，它本来就能如行云流水般流于万事万物之中，它还能反映各种事物间的客观规律。但想要发挥这种本能，首要的一个条件就是心态得平和、宁静。我们心灵若是没有将这种神奇的能力发挥出来，只是因为心灵被各种诋毁、赞誉等利害关系遮蔽了。我们在做任何事时，如果能做到抛开"自我"的束缚，保持我心不动，顺应万物之自然，我们的心灵就能发挥神奇的能力，了解到事物间的客观规律，让自己做出精准的判断，将别人看似神奇的良知妙用发挥出来。

王阳明为何能拥有旁人无法企及的智慧和良知？这是因为他通过一系列对心灵的锻炼，让自己的精神境界得到提升，并开发了所有人本来都能拥有的智慧与潜能的结果。他从普通人成长为智慧超群的人，为人类提供了自我完善的典范。

尽管人们心中包含着无穷的智慧，具备认识万物的知识与规律的能力，但这种智慧和能力并不是随时能开启的，因为我们的心灵早已被物欲、私欲、人欲所蒙蔽，表面上的我们还是愚昧无知的。

有这么一个笑话，也许更能诠释我们表面上的愚昧无知。

一天，一个中年人正悠哉地唱着歌、开着车走在充满美丽风景的乡间小路上。突然，他的对面开过来一辆货车，与他擦肩而过时，货车司机摇下窗户大声喊了一声“猪”后，便自顾自地开走了。中年人很是愤怒，心想：现在的人真是没礼貌，无缘无故就骂人！想想觉得实在生气，他就摇下自己的车窗回头大喊“你才是猪”！结果，骂音刚落，他的车便撞上了一群正要过马路的猪。

事情很明显，那位货车司机其实是出于好心，提醒中年人前方有猪，请注意安全，只是因为时间仓促没能解释清楚，再加上中年人以“自我”的角度出发，酿成了车撞上猪这样一个好笑的大错。

如此看来，一个人的心灵如果被自我和物欲蒙蔽的话，不仅不能获得本能的智慧，还会丧失基本的观察判断能力。

因此，我们必须正心修身，进行自我思想锻炼，让自己发挥出更高层次的智慧和能力。只有心灵达到一定高度，才能让自己看到更深更远的地方。正如古人所说的：“不畏浮云遮望眼，只缘身在最高层。”意思是，一个人的心境提高了，那么他的智慧、能力、素质也会随之提升。

而要想让自己的心灵达到一定的高度，实际上是很难做到的。因为，在生活中，人们往往会被一些表面现象所迷惑，被根深蒂固的传统观念所束缚，以致难以找到应事接物的最佳途径，其关键在于没有将自我真正放下来，没有以一颗虚静清明的心去认真思考、认真对待。就像儒家经典《大学》所说："定而后能静，静而后能安，安而后能虑，虑而后能得。"只有心灵达到宁静、安稳的境界后，人才能够洞察万物之规律，这时的我们考虑问题时才能更加周详，处理事情时才能更加完善。

当一个人的内心安定下来，他的内心便会十分平静，思想也会更加清晰，智慧也必有所增，如此一来，他做事就会更加有效率，自己的生活也会更加充实。这样一系列的变化，其实是为了让人的主观能动性最大限度地发挥出来，帮助我们达到更高的人生状态。如果内心有善，自己的言行举止也会展现出一种善意。

贪泉，泉名。据史料记载，贪泉地处广州北郊30里的石门镇。传说人饮此水，会变得贪得无厌，故名。西晋时，朝廷派往广州的几任官员，差不多都以经济犯罪而被撤职查办，人们传说他们是因为喝了贪泉的水。后来，朝廷派去一位廉洁的名吏吴隐之任广州刺史。到任之日，他领随从来到贪泉边，从中取水而饮。随从劝他说："以往进入广州的官员都要饮上一杯，以示风雅，但是这些官员都贪赃枉法，爱钱如命，此泉饮不得。"吴隐之问随从说："那些不喝泉水的老爷们是否清廉了呢？"随从说："还不是一丘之貉。"吴隐之连饮三瓢后动情地说："贪财与否，取决人的品质，我今天喝了贪泉水，是否玷污了平时为官清廉的名声，请父老乡亲们拭目以待吧。"并赋诗一首："古人云此水，一歃怀千金。试使夷齐饮，终当不易心。"

果然，他在任期间，为政清廉，并没有因饮贪泉水而贪污，留下了饮贪泉而不贪的千古美谈。

这个故事告诉我们，贪与不贪，并不在于一泉，没有饮贪泉水的人，也会照贪不误。所以，贪泉只是那些贪污的人的一个挡箭牌。王勃在《滕王阁序》中说“酌贪泉而觉爽，处涸辙以犹欢”，一个人贪与不贪，本在于自己内心的修养，并不在于外在的条件。做人若问心无愧，坦坦荡荡，对于每天遇到的各种突如其来的状况，也能应对自如，而不会被其搅乱心情，也就可以傲视天下。在儒家先贤眼里，这是君子风范的标准之一。

这个故事还告诉我们，君子之正气亦是一种心灵的高度。当一个人的心灵高度已经达到某种程度，那么外界的干扰都不会将其影响，更不会将他的心灵玷污。

王阳明用一生的经验告诉我们：“心可以左右一切。”做好事来源于内心，做坏事也来源于内心。心中所想会影响我们的行为，一颗平静而宽容的心能够令人体会到生活的快乐，而一颗躁动而沉重的心则让人陷入黑暗，且找不到方向。只有保持心灵的高度，才能更清楚地了解世间的道理，才能更真切地把握为人处世之道。然而，对于身处纷繁世界中的大多数人而言，即使知道这个道理，也是很难做到的，有些人就算花一辈子的时间去琢磨，也终不能达到那样的境界。

第二章

常怀禅心，平常以待

——听王阳明讲平常之心

排除杂念，心平气和

古人为治，先养得人心和平，然后作乐。

——《传习录》

古人制作乐曲时，首先会让自己的心态平和，然后开始进入状态。

什么样的心态才算是平和的心态？王阳明认为，能够容忍他人故意冒犯和侮辱的人就算是心境平和之人。这样的人也能很从容地接受失败和挫折。想要成为管理者的人，就必须是一个做任何事都心平气和的人，这样的人有担当，并且能在紧急情况中调整心态，完美完成工作任务。

换言之，如果一个人能够坦然地面对失败，并在受挫时总结经验，才能提高自己的人生觉悟。现如今，我们当中的很多人都受到颓靡的物质生活的影响，变得浮躁不堪，内心也开始扭曲，变得越来越狭窄，容忍不了别人的批判、指责，更加无力接受自己的过错和失败。

历史上，有位擅长运筹帷幄、曾辅佐过刘邦的智慧之人名叫张良，他的智慧源自哪里，下面的故事里将为你讲述。

一日，张良站在桥上欣赏周边风景时，见一位穿着粗布麻衣的老人径直朝他走来。突然，老人在他面前停下脚步，脱掉自己的鞋丢到桥下，用不客气的语气说道："小伙子，下去把鞋给我捡回来！"面对老人的无理要求，张良虽心有不愿，但想到对方是长者，还是和颜悦色地走到桥下将他的鞋捡了回来。

没想到的是，老人却得寸进尺把脚一伸，说道："现在，再帮我穿上！"被奴仆一般使唤的张良心想，既然已经被他侮辱一次了，再帮他穿穿鞋也无所谓吧，毕竟，他是个年龄相当于自己父亲一般的老人了。只见他忍住气愤，心平气和地为老人穿上了鞋。

这时，只见老年人露出了满意的笑容，对张良赞赏了一句："你这小伙，还不错。"便微笑着扬长而去。张良转过身正要回家去，只听老人在远处叫住他，说："小伙子，你是可造之才，五日后天刚亮时，到这儿来见我吧！"

张良虽觉诧异，但还是恭恭敬敬地回答道："谨听先生教导。"

五日后，天刚蒙蒙亮，张良便朝桥边走去，远远地就看见老人已经坐在桥头了。见到张良，老人很生气地说："与老年人之约，居然让长者等候你这个晚辈，世上有这个道理吗？"话音刚落，他便转身而去，嘴里还说着："五天后再见吧！"

又过了五天，张良仍然迟到了，老年人早早等候在桥头，神情从五日前的气愤转变到现在的无奈，说道："小伙子，最后再给你一次机会吧，我们还有一个五日之约，请你好好珍惜。"

终于，张良在五日后的半夜便来到桥上，等待老人的到来。

没想到，一盏茶的时间，老人也来了。这一次，老年人态度十分友好，并对张良这次的举动赞赏有加：“你这年轻人，明白做人的道理，性情也不错。我这里有一部书，当你读完便可辅佐君王。现在，我就将这本书赠予你，希望你能细心研究，早日成为有用之才！”话毕，老人飘然而去，再没在张良的生活中出现。

待老人走后，张良看着手中的书，居然是研究军事谋略的书——《太公兵法》。这本书十分著名，但普通人很难读到它。

此后，张良如获至宝般地研读起这本书来，后来终于成为了历史上著名的军事家、谋略家。

那位老人如此费尽周折才将《太公兵法》交给张良的原因和用意究竟是什么呢?

可以说，老人看到了张良的天资非凡，但还缺少心智的磨炼，即面对事物时心平气和的态度。面对重大的决策时，头脑冷静者才能做出正确的判断。经过老人三番五次的“折磨”，张良仍能保持谦恭平和的态度，这是担当大任者所必备的素质。

随后，张良果然在刘邦的麾下做了一名谋士。在几次重大决策中，都以冷静的头脑和平和的态度做出了正确的选择，为刘邦打天下立下了不可磨灭的功绩。

这个故事告诉我们，一个修炼过自己心灵的人，就能干出一番大事业来。

在这个纷扰繁多的社会里，如果一个人拥有心平气和的态度，能淡然接受各种情感刺激，对待任何阻挠和对抗都能保持冷静，那么他就具备了常人无法匹敌的自控能力。这就是古人常常强调的“存心养性”，即在纷乱的尘世，让自己的心灵处于稳定平和的状态，永远做到心平气和。

杂念，往往是最影响心态的一种念头。很多人很难专注一件事的主要原因在于杂念太多。在生活中，如果能做到将自己当成造金炼铁的大熔炉，把杂念当作随风飘落的枯叶，只要心中不再惦记那些“枯叶”，不再为它留恋，那么“枯叶”的归宿将只有一个——在熔炉里灰飞烟灭。这就是说，我们在处理事情时，只要不将个人的情愫夹杂在事物之间，凡事就事论事，心中充满恬淡之意，杂念便会随着心灵的平静而消失殆尽。由此，事情就会朝着最明朗的方向发展。

经过反复的心理磨炼，我们心中的杂念便会越来越少，心灵也会越发纯净平和。这样一来，我们就能更好地控制自己的意志，成为一个有定力的人。

一个有定力的人，不管遇到的事情多么千奇百怪，面临的情势如何凶险，他都会忍住恐惧和慌乱的情绪，心平气和地洞悉规律，并依照当时的形势出谋划策，处理好一切。这就是“任它天动地动，只是我心不动”的现实写照。

心有多宽，世界就有多大。一个想要成就事业的人，若是没有一颗平静且包容的心灵，仅凭自己的能力和力量是不够的。只有拥有一颗十分包容又平静的心，才能装下、包容下许许多多的事，才能处理好事物与事物间的关系，成为有成就的人。

不论是修身养性，还是治国平天下，想要进入道的境界，都需要一颗宁静又平和的心。只要你心平气和，你将会看到更多的风景，走上更广阔的道路。

王阳明有一个很特别的学生。他不远万里来到王阳明的住所，只为拜王阳明为师。等见了先生，却只得到了王阳明这样的回答："你跋山涉水，历经千难万险来到这里，如果是为了学习我的学问，那么，你现在可以回家去了。因为，现在的你已经学到了我学问里的精髓，那就是'真心'。"

安贫乐道，独守内心的清净

昔孔子欲居九夷，人以为陋。孔子曰："君子居之，何陋之有？"守仁以罪谪龙场。龙场，古夷蔡之外，于今为要绥，而习类尚因其故。人皆以予自上国往，将陋其地，弗能居也。而予处之旬月，安而乐之，求其所谓甚陋者而莫得。

——《何陋轩记》

王阳明也曾被贬，来到了偏僻穷苦的龙场。龙场经济条件十分落后，在这居住的人们都过着水深火热的艰苦生活。当时的人们都以为，王阳明被贬至这种地方后，一定会痛苦难堪、无法忍受。但事实恰恰相反。王阳明在《何陋轩记》中写道："当年孔子被贬至九夷，弟子都认为孔子不能忍受那里的简陋。孔子却认为，只要有君子居住的地方，就不会简陋。因为君子的正义之气可以感染当地的人们，君子的文化可以教化那里的百姓，又何来简陋之说呢？我因犯错被贬至此，这里虽是蛮荒之地，却是政府安抚蛮夷之族的重点地区，尽管这里条件落后，我也能从苦日子里尝到快乐的滋味。”

当时随同王阳明一起来到龙场的弟子是这样形容龙场的：这里毒蛇遍地，野兽四处奔走，像极了野生动物园。我们在路上行走，一不小心就会踩到蛇的尾巴。这里的空气还夹杂着刺鼻难闻的味道，似一阵阵毒气，让人感到胸口发闷，头痛欲裂。山里还常常弥漫着大雾，使我们看不清前方的道路，一不小心便会摔得头破血流。最让人烦恼的是没有房子住。龙场驿站因年久失修，根本没法住人。因此，我们不仅住过易遭野兽袭击的茅屋，还住过阴冷潮湿的山洞。我们中的很多人都病倒了。

让人意想不到的是，在如此恶劣的环境下，王阳明却如此乐观。他还给自己居住的阴冷潮湿的山洞取了一个十分有意境的名字——“阳明小洞天”。不仅如此，他还亲自劈柴生火、打水做饭，甚至还照顾生病的弟子，给他们端水递药。在弟子们心情极度低落的时候，王阳明便哼哼小调、讲讲故事，以安抚他们。他甚至还对病中弟子的坏脾气百般容忍。不止这些，王阳明还主动与当地居民互通有无，教他们建房、种地，他还为很多建筑取了文雅的名字，如：“龙冈书院”“宾阳堂”“何陋轩”“君子亭”。最后，这些地方都成了王阳明讲学的重要场所。

《后汉书·杨彪传》中谈道:“安贫乐道，恬于进趣，三辅诸儒莫不慕。”意思是说，人们要能安于贫穷困苦，并且以坚持自己的信念和理想为乐。正是经历了这般贫穷和困苦的生活，王阳明才深刻理解和做到了“安贫乐道”，这为他创立自己的心学提供了重要的人生感悟。此后，王阳明在《始得东洞遂改为阳明小洞天三首》中写道:“藐矣箪瓢子，此心期与论”。诗中提到了颜回对待艰辛生活的态度,“一箪食，一瓢饮，在陋巷，人不堪其忧，回也不改其乐”。王阳明觉得，虽然颜回离我们很遥远，但我们也应像他那样安贫乐道。

王阳明认为，若想寻得人生的意义，就必须抛下名利和金钱，学会安于物质贫困的生活，以学习知识和品德为乐趣。这与佛家的持戒之道不谋而合。著名学者梁实秋在《雅舍小品·图章》中说:“安贫乐道的精神之可贵更难于用三言两语向唯功利是图的人解释清楚。”

总之，能够安贫乐道，独守内心的清净，是修行的一种境界。若做人也能够如此，则必将有所收获。

即使孤独，也心境悠然

圣人之道，吾性自足，向之求理于事物者误也。

——《教条示龙场诸生》

刚被贬至龙场的王阳明，为了排遣烦恼，消除寂寞，他静心默坐，诚心静虑，想通过平静的心态来理清思绪，改善情绪。由此，耐得住寂寞的他还悟出了圣人之道："圣人处世，在于自足七性，而不在向外求理。"从此，王阳明就开始了用寂寞催生自己心灵成长的龙场悟道之旅。

很多人在成功之前都苦于遇不到欣赏自己的伯乐。有时是自己无意间掩盖了才华，有时是他人埋没了自己的能力。如果因一时不被赏识而暴躁不安，很可能会前功尽弃；而如果安下心来，耐心等待，在寂寞中养精蓄锐，甚至享受寂寞，这种经历将令自己的整个人生受益匪浅。

一位西方哲学家曾经说过这样一句话："世界上最强的人大多都是最孤独的人。能在孤独寂寞中完成他的使命的人，就是最伟大的人。"众所周知，寂寞常常令人感到痛苦，不能与他人交流沟通，不能被伯乐赏识的寂寞更是苦不堪言的。但是转念一想，只有安静且不受干扰的环境才能真正让一个人获得心灵的平静；只有在平和的心态下，人才会变得更加坚强。所以，若想度过目前的困境或者超越平凡的状态，就得先让自己学会与寂寞相处，并且能在寂寞中让心灵纯净起来。

在被贬期间，王阳明也体会了各种折磨与摧残。但他并没有被这些外在的身体折磨打垮。为了从困苦和寂寞中解脱出来，他主动去了解当地居民的民俗文化，并交换他所学的知识和理论。时间长了，当地居民的质朴性情和乐于助人的热情，深深地感动着他。令他最为感动的人是彝族首领安贵荣。安贵荣非常欣赏王阳明的学识和精神，当他得知身边的这位学者正过着水深火热的生活时，主动提供帮助给予他生活上的照顾。不仅如此，安贵荣还经常为他讲述他们民族的文化历史，使王阳明在困苦的日子里仿佛找到了至宝一般，因为这些不一样的民风民俗极大地激发了他悟道传道的热情。王阳明在亲身经历了寂寞和困苦后，得出了一个生命的真谛：在寂寞中，不能自我颓废和萎靡。越是寂寞的时候越要让自己的心灵坚强起来，用当下的宁静环境，让自己的心灵纯净不惹尘埃。当心灵纯静，生活的杂念便也消失不见，这时，我们便需要坚持不懈地充实、完善自己的心灵和能力。因此，当某天机遇向你招手时，你才能有勇气和实力好好地把握它，达到成功的目的。

王顺友，2007 年“全国道德模范”的获得者，是四川省凉山彝族自治州木里藏族自治县邮政局的投递员。他常年从事着一个人、一匹马、一条路的艰苦平凡的乡邮工作。他所走过的邮路往返里程360公里，月投递两班，一个班期为14天，20多年里，他的送邮行程长达26万多公里，相当于走了21个二万五千里长征，绕地球转了6圈！

王顺友负责的马班邮路，是出了名的山高路险，气候也十分恶劣，一天要经过几个气候带。他经常露宿荒山岩洞、乱石丛林，还遭受过野兽的袭击。有一次，他在送邮路上意外受伤，肠子也被骡马踢破。常年奔波在漫漫邮路上的王顺友，一年里有330天左右的时间在大山中度过，因此，无法照顾多病的妻子和年幼的儿女。尽管如此，他从没向组织提出过任何要求。

“为人民服务不算苦，再苦再累都幸福”，这是王顺友在山间投递信物、百般无聊时自编自唱的山歌。在经历了多年的寂寞和孤独后，他的心灵也随之越发强大起来。他经常这样告诉自己：“我一定要对我的工作负责，一定要为等着信物的人民负责！”不仅如此，在完成了投递工作之余，他还主动为农民群众传递他的所见所闻，包括：如何致富奔小康，如何让自己的粮食来年收获更多，如何挑选优良种子……当然，投递的路途是艰辛和寂寞的，与他相伴的只有他的马。山间孤独寂寞的身影，让我们不敢想象若是换成自己，抛开路途的艰辛险恶，我们能如他一样摆好心态、自娱自乐地过好这二十多年吗？想必，大多数的人们都做不到，但是王顺友可以。不仅如此，为了按时给农民群众带去生产生活用品和信物信件，王顺友甘愿绕路或加班加点完成投递任务，有时甚至自己还要倒贴钱。王顺友这样坚持不懈的精神，受到了群众的认同和称赞。如今的王顺友，早已成为当地人民交口称赞的劳动模范。

在王顺友工作的这二十多年里，他总是尽职尽责按时完成投递任务，做到了没有丢失过一封邮件或者信物，他的投递准确率达到了百分之百。

我们很难想象，在如此恶劣的条件下，王顺友是凭借怎样一种力量来无视这些痛苦，让自己用心工作的。其实，这就是因为他拥有一颗强大和宁静的心灵，寂寞对于他而言，仅仅是更好地洗涤心灵的一种环境，并且他战胜了自己，战胜了寂寞。

寂寞除了无尽的孤独和痛苦以外，他带给人们的还有宁静、毫无干扰的环境，只有在这样的环境下才有助于一个人的成长，它教会人们要用严谨、严肃的态度来追求人生目标，实现自我成功。为了避免自己的内心受各种情绪的干扰，我们在成功后，也不应太过喜形于色，而是应该低调地为自己制定下一个人生目标，并努力实现。

对于寂寞，梁实秋先生曾这样描述:“寂寞是一种清福。我在小小的书斋里，焚起一炉香，袅袅的一缕烟线笔直地上升，一直戳到顶棚，好像屋里的一切是绝对的静止，我的呼吸都没有搅动出一点波澜似的。我独自暗暗地望着那条烟线发怔。屋外庭院中的紫丁香还带着不少嫣红焦黄的叶子，枯叶乱枝的声响可以很清晰地听到，先是一小声清脆的折断声，然后是撞击枝干的磕碰声，最后是落到空地上的拍打声。这时我感到了寂寞。在这寂寞中我意识到了自己的存在——片刻的孤立的存在。”梁实秋先生坐在属于自己一个人的书斋里，他感受的寂寞是充满诗意的，是一个能激发他写作灵感的状态，是一个享受的过程。没有痛苦，没有孤独，有的是一种旁人所不能体验的清福。

由此可见，寂寞往往是感情丰富且十分细腻的人才能有所感知的。正是因为他们常常能安静下来体验到旁人所不能体验的情感和细节，才能体悟到他人所不能体悟的道理，发现他人忽略掉的思想，最终得到寂寞给予的力量，修炼自我，获得成功。寂寞，不应该用惧怕的心理来对待；寂寞，不是我们想象的那样可怕；寂寞，也不是寻常人能够体悟和感知的。若是你能体验到安静的寂寞，请珍惜这样的感觉，因为或许这就是你成功的起点和必经之路。这也是王阳明想要告诉我们的关于寂寞的真谛，关于如何让自己成长的秘诀。

活在现在的时间里

当下即去消磨，便是立命工夫。

——《传习录》

做好当下应该做的事，不论它是大是小，就是我们安身立命、获得成功之道。

王阳明提倡“活在当下”。王阳明说：“我们这些人探索心灵的奥秘，也只是依据各自的能力尽力而为之。今天探究到这样的程度，就只依据今天所理解的延伸到底。明天，我们的心灵又有新的体悟，那就从明天所理解的延伸到底。这样才是专注于一个目标、踏踏实实的功夫。”

这句话是想告诉我们：人们想探索心灵的奥秘，是根据自己当下的能力来实行的。今天具备这样的能力，便探究到这样的程度，并且将其继续延伸。过段时间，我们的心灵在理解了昨天的奥秘后，便会有基础来理解新的一番体悟，我们也必须将新的体会延伸到底。这样日复一日坚持不懈的研究与感悟，才能算得上是专注踏实地学习、吸收和再创造。

何为“活在当下”？顾名思义，是指活于现在的时间里。也就是说，专注于你现在正在做的事，不论是吃饭、睡觉、玩乐、享受，还是工作、学习，都要专注进行，不要胡思乱想。吃饭的时候总想着工作而耽误了好好吃饭，学习的时候惦记着玩乐而浪费了大好的学习时光，本该好好体验现在的喜怒哀乐却总迷恋过往之事或幻想未来之事……这样的行为就违背了“活在当下”的精神，长久为之，便会迷失自我。

我们应该做的是：专心进行眼前的或巨或细之事，循序渐进、持之以恒。天赋较差之人，从基础学起；资质较高之人，需不断地扩充自我修养，达到一个更高的目标。如此因人而异的修心养性，便能让平凡的人发现自己的潜能，而稍有作为之人也会更加有所作为。最终，他们都会有所收获，获得成功。

相传有一座城池，这里富饶宁静，没有战事，人们过着安逸且平静的生活。在这座城池的城门前，屹立着一尊“双面神”的神像，他具备对过去之事了如指掌、对未来之事也有清晰预见的能力。正是因为他的这种神力，让这座城池平静富饶。

然而，这样的好时光并没能维持多久。数年后，这座城池依然被敌人攻陷，曾经的辉煌都成了过眼云烟。那座“双面神”也因此迷惑地沉睡于城池的废墟之间，对于这样的结果，他始终不明缘由。

直到有一天，一位哲学家的到来，帮他解开了这座城池的毁灭之谜。

一天，这位哲学家循着历史的足迹来到了这座城池，当他正在感叹城池的不堪往事时，“双面神”说道：“先生，为何要为这座城感叹不已呢？”哲学家循声望着“双面神”问道：“为什么你会有两副面孔呢？”

“双面神”回答道：“有了两副面孔，我才能一面察看过去，牢牢地吸取曾经的教训；另一面又可以瞻望未来，去憧憬未来无限的美好，还能防患于未然啊。”

“可是，为什么拥有如此神力的你，却依然没能保住这座城池的美好呢？”

哲学家的问题让“双面神”沉默了，因为这也是他一直所不解的地方。

见他没有回答，哲学家说：“我刚才之所以叹息，也是为你叹息。你的神力我们都知道，可是我们都忽略了过去只是现在的逝去，再也无法留住，而未来又是现在的延续，是你现在无法得到的。你不把现在放在眼里，即使你能对过去了如指掌，对未来洞察先知，又有什么意义呢？”

“双面神”听了哲学家的话，不由得痛哭起来，说道：“时至今日，听了先生这一番话，我才明白，我为何会落得如此下场，我所保护的城池为何会毁灭了！”

在这个世界上，可以分为三种类型的人：前两类人如同故事里的“双面神”。一类抱着回忆过日子，在过往的日子里沉浸、开心、痛苦；一类只会空想未来，仅仅是期待和憧憬“我以后会很成功”，是没有采取任何行动的空想派；还有一种是与前两类人性质大相径庭的人，便是我们所说的“活在当下”的人。他们注重现在，做人脚踏实地，不追忆过往，不空想未来，专注于现在应该要完成的事。任何当下需要完成的小事在他们眼里都是大事，从小事里慢慢积累经验，逐步走向成功，走出自己真实的未来。

当你活在当下，将不会被过去的事困扰，也不会被虚妄的未来绊住应该迈出的踏实的脚步。你会全身心地投入属于自己的真实人生，踏实认真地迈出你的每一步，全心全意去接纳、品尝、体验当下的一切。而那些永远都被留在过去和只会想着明天、明年甚至下半辈子的事的人，他们对当下的人和事都会视若无睹，或者无法专注。这也是我们大多数人的一个共性。

人生的意义，是要认真仔细地感受身边发生的一切，清晨品尝的第一口清茶，午后闲暇时光的休闲一刻，夜晚睡前的一篇美文……这些都是活在当下的人认真专注的事，他们把全部的能量都集中在自己正在发生的这一刻，而不是期待虚妄的未来，靠着想象过日子。

实际上，只要我们努力让自己专注于自己当下的事，便能知道，当下走的每一步都是通向未来和成功的，它们都要比过去和未来重要。因此，我们要看重自己的每一步，真真切切、实实在在地走。毕竟，昨日已成历史，明日尚不可知，只有“当下”才是上天赐予我们的最好的礼物。

人生中有很多事都是我们无法预知的，我们能做的就是把握现在，珍惜身边拥有的一切。就像王阳明说的，“当下即去消磨，便是立命工夫”，做好当下力所能及的事，便能成就自己的一番事业。忘记过去的伤痛，走出对未来的妄想，认真做每一件当下应该做的事，无论是吃饭、睡觉，还是学习、工作，都应该全神贯注、一心一意。这样完整地过自己的日子，才会有一个真正完美的明天。

漫步人生路，体会随遇而安的惬意

人生达命自洒落。

——《啾啾吟》

“方园不盈亩，蔬卉颇成列。分溪免瓮灌，补篱防豕蹢。芜草稍焚剃，清雨夜来歇。濯濯新叶敷，荧荧夜花发。放锄息重阴，旧书漫披阅。倦枕竹下石，醒望松间月。起来步闲谣，晚酌檐下设。尽醉即草铺，忘与邻翁别。”在龙冈书院旁边，有一个很多人都认为十分不起眼且毫无用处的乡村菜地，名叫“西园”。但王阳明却认为，这是一个赏景、读书的好地方。篱笆、野花、瓜果蔬菜，一切都那么自然和谐，如一幅美景图般呈现出来。王阳明经常在这里读书、赏景，有时还和这里的农民一起哼小调、唱小曲。傍晚，在庭院里搭一张小桌子就餐，酒醉后，就在庭院的草席上睡下。这首诗很全面地反映了王阳明惬意的随遇而安的美好心情。

对于随遇而安，著名的国学大师南怀瑾也曾经说过：“一个人想做到随时安然是非常困难的。世间万物皆有其自身的规律之所在，水在流淌的时候是不会去选择道路的；树在风中摇摆时是自由自在的，它们都懂得顺其自然的道理。因此，拔苗助长固不可取，逆流而上也是一种愚蠢。”

在这个世界上，不管一个人有多么成功伟大，他们所经历的过程都是近乎相同的。有失败的失意，有遇挫的痛苦，有成功的喜悦。但他们最珍惜的还是每个阶段和境遇所带来的不同的感受。他们都有一个信念，不论遇到什么，先坦然面对，欣然接受；不管遭遇怎样的境况，都做到随遇而安。在这种随遇而安的状态里找到办法，从困境中解脱。

说到随遇而安，这里有这样一个故事。

曾经有一个小国家，地方小、人少，这里的人们却过着与世无争、世外桃源般的生活。他们活得悠闲自得，性子都十分恬淡。他们的这种性格有很大程度都是受到这个国家的国王和宰相的影响。国王从不争强好胜，也从来没有为扩张国土而侵略过其他国家；而宰相更是一位对政事不太关心的读书人。

不过，这两个人都有自己的嗜好。国王特别喜爱打猎和微服私访，而宰相也老在国王微服私访的时候说这么一句话：“一切都是最好的安排。”

起初，国王并不理解宰相说这话的真正意义，直到一件事的发生。

这一天，国王如往常一样来到狩猎场打猎，他的箭不偏不倚地射中了一只花豹，花豹立刻倒下，这可把国王高兴坏了，这可是他第一次捕获到这样的大型动物。于是，他骑着马抛下随从，兴高采烈地来到花豹倒下的地方。没想到，当他下马的瞬间，花豹却突然跳起向他猛扑过来。他的随从看到后，赶紧再发一箭，这一箭正好射中花豹的咽喉，花豹这才真正地倒下。当随从赶过来的时候，发现国王的一根小指头还是被花豹咬掉了。

因为自己的一根手指被花豹咬掉，回宫后，国王又气又恨，便找来宰相一同饮酒，借酒消愁。当宰相听得国王的这一番遭遇后，却兀自笑了起来，说道："尊敬的国王，您少了一根指头总好过丢掉一条命啊！这一切都是最好的安排呀！"

国王听完宰相的话，更加气愤了，说道："你真的觉得这是最好的安排？"

"千真万确，我的国王。如果我们暂时抛开自我的得失成败，那么，这一切就真的是最好的安排了。"

"你还真是大胆啊！那我现在把你关进监狱呢？"国王更加生气了。

宰相十分淡然地回答道："那我也深信，这是最好的安排。"

宰相话音刚落，只见国王手一挥，命令侍卫将宰相带进牢房。

过了一段时间，国王的伤康复了。他又如同以往一般，想带着宰相到各地微服私访，但他一想到宰相之前说的那些话，就气不打一处来。于是，他决定独自带着随从去出游。

可就在微服私访的途中，国王遇到了一群野蛮人，因为他们人多势众，国王便被抓了去。野蛮人想将国王杀了用来祭神，但当大祭司来视察的时候发现国王的右手小指没了，十分气愤地说："你们难道忘了'祭神'一定要用最'完美'的人吗？他少了一根指头，根本不配用来祭祀我们的神仙！快把他这个不祥的人赶走！”

脱困的国王欣喜若狂，飞奔回到宫里，命令随从摆下一桌酒宴，准备款待宰相。

保住命的国王对宰相说：“爱卿，你真是我的吉祥之人，你说的话真真实实地在我身上发生了。若不是我少了一根指头，今天的我早就被人拿来祭神了，这一切果然都是最好的安排啊！”

宰相听得此话，回答道：“恭喜大王对人生体验有更深层次的觉悟了。”

国王接着说：“爱卿啊，我由此逃过一命固然是‘最好的安排’。但是你却因为我白白蹲了那么长时间的监狱，这也能说是‘最好的安排’？”

宰相慢条斯理地喝下一口酒说：“大王，您将我关入大牢其实也是最好的安排啊。您想想，若是我没有被关入牢房，那么您这次的出游，我必定也会被野蛮人抓走。等到野蛮人发现国王您不适合拿来祭神的时候，那么谁又会被丢进火焰里焚灭而亡呢？所以啊，我才应该感谢大王您，多亏了您将我关进监狱，才保得住我一条小命呀！”

从这个故事里我们可以发现，这位宰相说的“一切都是最好的安排”实际上就是随遇而安的意思。随遇而安，并不是让人们完全地安于现状，不对未来做任何打算和努力，一味消极地等待。这里的随遇而安指的是，找到生活的平衡。这才是自然的一种境界，是心灵成长的标志，是成功人士的基本素养。

随遇而安这句话教会我们，面对大千世界，我们任何一个人都是渺小的一分子，而一些人缺乏清醒的认识，认为自己十分重要，总是以自我为中心，自信心也越发膨胀。面对人生常有的荣辱成败时，便会轻易被打倒或骄傲起来。真正有智慧的人，是不论面对怎样的境况都能坦然面对，依然过着自己惬意的生活，这便是随遇而安。当你放开心灵的枷锁，学会了随遇而安，你的生活便会有一番巨大的变化。

拥有平常心，如此方能镇定

万缘脱去心无事。

——《传习录》

被贬至龙场的日子虽然艰苦，王阳明却在这里找到了属于自己的最高思想。在最艰苦的时光里，他的随从和弟子相继病倒。为了照顾好自己和弟子，王阳明只能自己打柴烧水、洗衣做饭，甚至还要给随从们喂饭。不仅如此，王阳明还担心在这样艰苦的环境下，弟子们会心情抑郁。于是，他还经常给他们吟诗诵词，哼哼小调，只为让随从们心情好一些，忘记这里的艰辛和痛苦。

从平凡的人成为天下的圣人都是要经历这样的磨炼，也只有在这样的磨炼下，心灵才能得以升华和成熟。正是在这样的艰辛生活下，王阳明才悟出“圣人之道，吾性自足”的道理。贫瘠荒芜的龙场，给了学者思想的自由，成了王阳明悟出心得的天堂，也成就了圣人的一番作为。

伟大总是在平凡之后。生活就是这样，交错着平凡与伟大，每一个伟大的人一定都是从平凡的人开始，而后也会归于平凡。但若想成为伟大的人，就一定要在平凡中静下心发现不平凡，并且还要学会忍受暂时的痛苦寂寞，保持一颗随遇而安的宁静的心。

我们还可以这样说，圣人，其实就隐藏在平凡人当中。他们跟我们一样，有着相同的喜怒哀乐，尝遍人生的甜酸苦辣，经历生活的磨炼后，才升华为得道圣人。

有个人问慧海禅师：“禅师，你可有什么与众不同的地方？”

慧海答道：“有。”

“是什么呢？”

慧海答道：“我感觉饿的时候就吃饭，感觉疲倦的时候就睡觉。”

“这算什么与众不同的地方，每个人都是这样的，有什么区别呢？”

慧海答道：“当然是不一样的！”

“为什么不一样呢？”

慧海答道：“他们吃饭时总是想着别的事情，不专心吃饭；他们睡觉时也总是做梦，睡不安稳。而我吃饭就是吃饭，什么也不想；我睡觉的时候从来不做梦，所以睡得安稳。这就是我与众不同的地方。”

慧海禅师继续说道：“世人很难做到一心一用，他们在利害得失中穿梭，囿于浮华的宠辱，产生了‘种种思量’和‘千般妄想’。他们在生命的表层停留不前，这是他们生命中最大的障碍，他们因此而迷失了自己，丧失了‘平常心’。要知道，只有将心灵融入世界，用心去感受生命，才能找到生命的真谛。”

人生无论在何种境遇中，圣人和普通人最大的区别就在于圣人时刻都保持一颗平常心。当他们遇到困境时，他们依然能保持一种超然于物外的心境，让自己平安地度过窘境。

真正伟大的人都有一颗十分平常的心。在他们心里，从来没有“我很伟大”这样的观念。他们认为无论是谁帮助他人、无私奉献都是毕生应做之事，帮完了也就过去了，不需要物质的感谢和精神的过度褒扬。这样的理念，也刚好符合了王阳明将“万物众生看作一体”的观点。

世界上的每一个生命都是平凡地存在着。当你把自己摆在一个很低的位置，你便成了辽阔无比的大海。对于大海而言，人世间的一切伟大都变得如此平凡。平常即是伟大，伟大又是平凡，真理就是在最平凡的时刻产生。圣人之道的完成，也是最平凡的人道的完成。

面对现在的社会，很多人都会为物质生活而烦恼无比。买房、买车、照顾老人孩子，当这一切压力如山一般压在我们身上的时候，我们总感觉自己生活得更像奴隶，与圣人的差距十分遥远。其实不然，我们伟大的圣人庄子也曾为了生计四处奔波。这就告诉了我们，只要我们能在平凡的生活中修炼自己的心灵，让心灵慢慢坚强起来，不让自己沉迷于物欲之中，保持一个良好的心态，就能活得自在超然。这样，我们虽然不如他人富贵多金，但也会活得幸福快乐。

圣人就是平凡人，平凡人也可以成为圣人。文豪泰戈尔也曾说过："天空虽不曾留下我的痕迹，但我已飞过。"有这样一份自信和坦然，我们的这一生就已足够。

低调，一种深邃隽永的宁静

柔不致败。

——《官诫经》

"盛时当做衰时想，上场当念下场时。"这句话的意思是：在春风得意之时，一定不能过于高调，应该保持平和的心态，安于低调。低调的人才能保护好自己，才不会导致灾难性的结果。

王阳明在结束了赣州和南昌的反叛战争后，不但没有受到朝

廷的嘉奖，反而因为他的成功招来了他人的嫉恨、诬陷和诽谤。为了躲开这些蓄意的侮辱和重伤，王阳明自己提出放弃官职，回归故乡。

历史上，不乏有封建国家统治者与开国功臣殊死博弈的故事，谁能得到主动权，谁就能在争斗中保住性命。

我们都知道，越王勾践经过十年的卧薪尝胆才灭吴复国。勾践之所以能够复国成功，多亏了他的两位大臣：一个是范蠡，一个是文种。当年，勾践一行被围会稽山，正在弹尽粮绝却毫无办法的时候，是文种提出用乞和求降之计，暂且保住大家的性命，才让勾践一行得以生还；当勾践被困吴国之时，是文种带领着越国的人民耕战自备，发愤图强，只为等待勾践回来重振旗鼓；当勾践卧薪尝胆十年之久，也是文种为他想到的灭吴七法，使他得以成功灭吴。

就在大家都在庆祝越王胜利的时候，范蠡却如急流般退出政治舞台，隐姓埋名，过着世外桃源般的生活。他走后，还暗中告诉文种几句话："狡兔死，走狗烹；飞鸟尽，良弓藏；敌国破，谋臣亡。越王可与共患难，不可与共欢乐，你如果不赶快离开，将有大祸临头。"

文种觉得范蠡太过敏感，认为越王勾践并不是过河拆桥之人。但又觉得宁可信其有，不可信其无，为了保住性命，他也开始不理国事，经常请病假不上朝，在家养病。

但是，越王却没有放过他。一日，勾践以探病为由，来到文种家中。他对文种说："先生曾经为我想出七种灭吴的方法，想当年，我只学会了三种便成功灭掉吴国，那剩下的四种方法，先生想要用于何地呀？"

文种答道："吴国已经不在了，这剩下的四种方法也随之不复存在了。"

此时，勾践却说："不，这四种方法依然存在。那么，我就请先生带着这四种方法去到九泉，辅佐我的祖先吧！"说完，他便挥手而去，留下了一把让文种自刎的利剑。

君要臣死，臣不得不死。文种深知勾践已容不下他，便在后悔中自刎而死。

这段"兔死狗烹"的真实历史，不仅反映了某些功臣的悲惨命运，也揭露了王臣间的奇妙关系。若想在这样的境遇中全身而退，就一定要低调行事，见机行事。

权力，可让人瞬间升天，也可使人顷刻来到地狱。若拥有权力之人稍有不慎，便可招来大难，最后连平凡人都能过的简单日子都过不了。有些人甚至还为家人带来从没经历过的苦难。

从这个故事来看，一个人若想成功，不仅要培养自己强大的处世能力，还要磨炼自己的心智和个性，让自己更加有弹性，处理和面对任何事都能在得心应手的同时，避免灾难，达到功成身退的最佳效果。

摒除心浮气躁，谦逊处世

心外无物，心外无事，心外无理，心外无义，心外无善。

——《传习录》

王阳明的“心学”成就了他的圣人之名。他的心学不是在安乐舒适的环境下总结出来的，而是在极度艰辛和十分寂寞的境遇下，凭借自身顽强的意志力，一字一句体验出来的。

正是因为自己的心灵受到了无比大的挑战，才让王阳明有了自己的“心学”之道。刚被贬至偏远龙场的王阳明也曾暗暗问自己，我真的能度过这暗无天日的生活吗？我又应该靠怎样的状态来度过它呢？最终，在体验了这般艰难和困苦后，王阳明终于领略到困苦与寂寞的香甜滋味。“万物皆备于我”是王阳明在经历了苦难后才彻底领悟的道理。他明白，所有的苦难都可以通过自己的努力化为有力的条件，让自己到达成功的彼岸。他的绝处逢生之心法，成就了他的圣人之名。

心灵的磨炼，让处境困难之人如获明亮的灯塔。心灵的成长是任何时代的人都必须具备的人生智慧。而这明亮的灯塔一定不能过于闪耀，物极必反，不要让多余的光亮灼伤了自己。一点微光，就像人们淡然朴素的个性，给人带来亲切之感；太过强烈的光焰只会伤害他人、危害自己。让你的心灯适当闪亮，便是对自己和人们最大的贡献。

西汉汉武帝时期，卫青因为姐姐卫子夫得到汉武帝的宠爱，被武帝封为大将军，派去攻打匈奴。

战争中，苏建担任右将军作为前锋与匈奴展开第一回大战，但苏建的队伍全军覆灭，唯有他一人逃回军营。按照当时的军律，应该当众斩首示众，以儆效尤。

但卫青并没有这样做。面对这样的情况，卫青先问了长史、议郎等属官的意见。议郎周霸站出来说："大将军出兵以来，从未斩过一名将士，如今苏建弃军逃回，正可斩了苏建的头，以立大将军之威。"

卫青却说："我本是皇上的亲信，这次带兵出塞并不担心无法树立我在军中的威严。反倒是你劝我杀人立威才真正有辱我的威严。你想想，我确实有权力来斩杀有罪之将士，但如果我把这样的权力还给皇上，让他来决定杀还是不杀，这样一来，皇上便会认为，尽管我辈身在境外，却也不敢擅自诛杀大将，是对他最大的尊敬。你不觉得这样做更加合适吗？"

听完卫青的一席话，在场的将士们都钦佩地说道："大将军果然是大将军，属下还不及您十分之一呀！"

于是，卫青命人将苏建押回了长安。回到长安的苏建，并没有被皇上诛杀。因皇上爱才惜才，给了苏建一次重新做人的机会。

这件事的处理，也让皇上更加信任、宠爱卫青。

为了弥补此前的错误，苏建再一次被派前线，与卫青一起攻打匈奴。一次，苏建在和卫青聊天时说道:“大将军不仅为人聪慧，用兵还十分厉害。但是，天下之人只有为数不多的几人知道您的丰功伟绩。古时候的名将都以向朝廷推荐贤才文人来传播自己的威名，为何大将军不仿效呢?”卫青听后笑了笑说:“你看到的只是事物的一部分。以前武安侯田蚡、魏其侯窦婴各自招揽宾客，结成朋党，以颂扬自己的名声，皇上不仅没有更加宠爱他们，反而越发讨厌憎恨他二人。这是为什么呢?起用贤才良才，这都是皇上的权力，我们又何苦夺了皇上的权力，招致他的不信任呢?我只知道，做臣子的只要遵守国法，做好分内之事，便能得到皇上和百姓的信赖。别的，我一概不想参与。”

正是因为卫青为人处世的低调，皇上才越来越宠爱他，甚至还命令群臣见到卫青都要行跪拜礼，以显示大将军的威严与尊贵。群臣都不敢抗旨不遵，每每见到卫青都会行礼。

唯有主爵都尉汲黯见到卫青从没行过跪拜大礼。有人问汲黯为何不行礼，汲黯回答:“大家都在跪拜大将军，多我一个不多，少我一个不少。难道说，大将军有一个可以平礼相交的朋友，就会损害他的尊贵了吗?”

当卫青听到汲黯的此番话后，不但没有生气，反而登门拜访汲黯，并与之结为永生之交，从此相互陪伴。

卫青谦逊处世的态度，非常值得现在的年轻人学习。抛弃我

们的年少气盛，心浮气躁，把自己放在适合的谦卑的位子上，虚心学习。这就印证了人们常说的那句话：“地低为海，人低为王。”海之所以那么大，是因为它处于世界的最低处，陆地上所有的江河湖里的水最终都将流向地势最低的海。我们在生活里，如果也有大海一般的“觉悟”，将自己放在和大海一样低的位置，不再仅视自我为中心，把自己当作尘世里的一颗毫不起眼的尘土，才能像大海一般吸纳更多的学识。

想必我们都有所发现，一个越是谦恭的人，他的修为就越高。这是为什么呢？

有人曾问一位哲学家：“像您这样的大哲学家为什么做人如此谦虚呢？”哲学家说：“据我所知，人的知识就像一个圆圈，圆圈里面的是你已经知道的知识，圆圈外面代表的是你的未知。圆圈越大的人越会发现自己的知识不足。”我们都知道，越是成熟的稻穗，它的腰就弯得越低，而一个人的学问越高，也就会越发显得谦虚。这其实都是一个道理。

这些为人之道都是我们人生的灯塔，闪耀着合适的光亮，引领我们往前走，走向成功的彼岸。拥有谦卑品行的人，就像一座闪亮着光亮的明灯，为最黑暗的地方带来光明。

第三章

磨砺剑锋，静待梅香

——听王阳明讲忍耐之心

百经磨砺，修炼内心

某于此良知之说，从百死千难中得来，不得已与一人说尽。

——《顺生录·年谱二》

在王阳明看来，良知是从百死千难中得来的，是古往今来圣贤代代相传的精髓。而那些伟大的成功与收获也总是在千百次的锤炼与磨砺中持之以恒才能最终得到。

人们遇到困难和阻碍时，往往埋怨世俗和命运的不公，害怕经历磨难，无法面对障碍，而常常忽略了磨难对于人生的意义。

关于磨难，王阳明有着自己亲身经历的故事。

王阳明自幼出身官宦之家，天资聪慧，但人生之路却不太顺利。在参加会试时两次名落孙山。他却以坦然的心态面对这段挫折，说道："世人以落第为耻，我却以落第动心为耻。"他的心中埋藏着更为高远的理想，对于这点挫折，他不为之动心。

后来，王阳明入京为官，官至兵部主事。一次因上疏言事得罪了当时的权臣刘瑾，被关进了监狱。这是王阳明人生中前所未有的灾难。在狱中，他受到了严刑拷打，可他却在昏暗狭窄的牢房里静心研究学问，还与狱友一道学习背诵。有诗为证：“累累囹圄间，讲诵未能辍。桎梏敢忘罪？至道良足悦。”在这样黑暗的环境下仍可以静心做学问，还有什么比这更艰难的呢？

而后，王阳明被“廷杖四十”，革去职务，贬至偏远的贵州龙场去当驿丞。

在龙场生活的日子里，由于水土不服，加之当地瘴气弥漫，随行的人都病倒了，王阳明只得亲自砍柴、烧水、做饭，打理杂事，还为随行的人吟诗作歌聊以安慰。弟子们终于打起精神来，忘掉了缠身的疾病和困苦的环境所带来的郁闷。

这时的王阳明已经无视了种种的艰难险阻，开始思索更为高远的命题：“如果圣人在这样的环境下，将会有怎样的想法和做法呢？”

王阳明从圣贤那里领悟到了一种独特的境界。在磨炼中，“我”与万物融为一体，心胸敞开接纳万物，终于获得了大智大慧。

要想收获成就，使得身心合乎“道”，就必然要经历磨难的修炼。

面对种种磨难，只有坦然面对、去体验磨难所带来的痛苦与折磨，而不是退让或者逃避、希求他人赐予的改变，这样才能渐渐地培养耐心与意志，才能使得心智发生质的变化。

痛苦是能够触及内心深处的强烈情绪，只有真正体验过痛苦的人才能洞察到它的实质，掌握到它的全貌，理解到它的原因所在，这样才能做到担负起并且抛下痛苦对内心的影响，自主地掌控内心。如若不能做到自主地掌控内心，改变自己的心态、气质便很难做到。

而当人们有了痛苦的体验，遇到了真正的困难，才会有掌控内心的力量，将困难所带来的影响抛诸脑后，迎难而上，获得真正的成功。

“知君已得虚舟意，随处风波只宴然。”王阳明认为，当内心已经磨炼得褪尽浮躁，无论遇到怎样的风波也都能安然自得地面对。

我们可以用这样的智慧来升华自己的心境。

历经世俗的人心就像积满污垢掩埋在尘土里的斑驳的宝石。要想使其恢复光彩、清澈照人，就要慢慢地擦拭与打磨。如果不将磨砺作为修炼内心的必修课，宝石的光彩将永埋于尘世中。而经得住打磨的内心，往往将磨砺视为通往光明的大道，不为之所困扰，越经磨炼越发光芒四射，终成大器。

如若有了这样的心境，生活中的那些大大小小的困难与阻碍便有了解决之道，或许还会带来令人惊喜的收获。

磨炼自己的本心

凡“劳其筋骨，饿其体肤，空乏其身，行拂乱其所为，动心忍性以增益其所不能”者，皆所以致其良知也。

——《传习录》

王阳明在《传习录》里还引用孟子的话来强调什么是最好的良知。但凡是一个人的筋骨受到劳累，身体受到痛苦，生活受到贫穷，做的每一件事都不能顺利、称心如意，这样便能震动他的心意，坚韧他的韧性，提高他的能力。这就是王阳明所指的最好的良知。

北宋范仲淹在成为一代名臣前，就有过这样的艰难处境，他又是怎样面对的呢？

范仲淹是唐代宰相范履冰的后代。尽管是名人之后，但他也曾经历不少苦难。在范仲淹不到两岁的时候，他的父亲不幸病逝。范仲淹的母亲因生活所迫，带着他改嫁。

范仲淹从小就继承了祖先爱读书的秉性。不仅爱读书，他还很有志向和原则。当他十几岁时从他人口中得知了自己真实的身世，身心受到强烈打击的范仲淹坚定选择了独自去南京求学，一定要像祖先那样为国出力。于是，他哭着辞别母亲。

独自一人在南京的时光，是一般人不能想象的。寒冷的天气常常肆无忌惮地侵袭着范仲淹破旧的房屋，残酷的饥饿也常伴在他的左右。即便是如此恶劣的条件，范仲淹却依然保持着强烈的求知欲。他每天在读书上下的功夫，是旁人的三倍还多。读书的时候，当他困了倦了，便用刺骨冰冷的水洗脸以驱赶疲倦；当他饿了渴了，便用几乎看不着几颗米的清粥来抵御饥饿。

如此艰难的条件却从没有动摇他那颗爱读书的心。因为他有一个远大的抱负，有伟大的理想在支持他，告诉他必须坚持下去。就像孔子曾经如此赞扬他的弟子颜回一样："贤哉，回也！一箪食，一瓢饮，在陋巷，人不堪其忧，回也不改其乐。"所以，范仲淹从不因为自己过着饥寒交迫的日子感到难过。他认为自己是幸福的，至少他还能读书，能在艰苦的条件下追求智慧和知识，这便是最大的乐趣和幸福感。

看到范仲淹如此勤奋努力地学习，他的同学也对他产生了敬佩之意。一日，他的一位同学知晓他已几日没有好好地吃上两口饭，便把家里的好饭好菜带来给他吃。然而，几日过去了，当他再来探望范仲淹的时候，发现自己带来的饭菜都已经放臭了，范仲淹连一筷子都没有动过。

同学很诧异地询问范仲淹为什么不吃这些可口的饭菜？范仲淹的回答更是让同学对他敬佩不已："我十分感谢你对我的好意，你的好意我心领了，你也不要介意我没有吃掉你带来的饭菜，不是我不感激，是因为我担心吃了你送来的可口饭菜，以后，我就喝不下我家清淡的小粥啦！”

终于，经过多年的努力，范仲淹考中了进士，后又官至副宰相。他推行的“庆历新政”，让他成为北宋最著名的改革家，并留下了“不以物喜，不以己悲”“先天下之忧而忧，后天下之乐而乐”的千古名句，为后人广为传诵，成为了一代名臣。

范仲淹为何能取得如此辉煌的成就？成功从苦难中来，在经历苦难后实现。他在恶劣的条件下，独自刻苦学习钻研，就是他取得成功的最大原因。

良知就是“道”，最好的良知就是最好的“道”，也是每个人最初的“本心”。一开始，我们的心是毫无污垢并且宁静祥和的，它能感通万物。如果好好利用我们的“本心”，便可成就一番作为，实现理想。但是，我们大多数人在经历了世间的事物后，都些许被物欲或其他的欲望玷污了“本心”，让它被埋于尘埃下，不被人所知，甚至连自己也无法感受到。

若是我们有崇高的理想、伟大的目标，不想虚度此生，就应该让自己的身体和精神都得到锻炼，让心灵得到洗涤和解放。久而久之，我们便能超越世俗，进入更广阔的自由境界，让智慧得到最大限度的挖掘。

这就是寻找最好的良知必须要走的艰苦之路，也是一条不断挑战自我、动心忍性、追求理想的成功之路。

“动心忍性”并不像字面上显得如此艰难。为了成功，我们没有必要把自己本应该有的好的生活环境故意地换成物质匮乏的生活环境；也不是只有愁眉苦脸才能做出好的学问；更不是故意不吃不喝去体会那种本不该有的饥寒交迫。动心忍性，其实就是让自己得到“苦”的锻炼。你可以把世界看成一个大熔炉，而你自己是一块需要打磨的粗铁。想象自己每天都在火焰里锤炼着，像打造一把宝刀一样，每一次的火烧，每一下的敲打，都会让自己更强大一些，更精纯一点。

做到了这样的“动心忍性”之后，心灵便得到锤炼，变得更加强大，能够接受在他人看来根本无法承受的锤炼和打击。这便是“待之以性，而不待之以心”的道理。意思是，世间的各种遭遇，都不要用感官之心来感知它，而是应该用“本心”去感受、去体验，去接受敲打和磨炼……

认识和锻炼自己的“本心”，就是要超然于各种境界之外，学会把控自己。要认识到，无论遭遇到多大的打击，我们的心都是坚韧不拔、清澈明亮又不受杂物侵袭的，感到痛苦的只有我们的身体。

在生活中，无论我们遭遇了多大的痛苦，都需要保持心灵的平和，把淡定的心保持起来，怡然自得地感知内心，心平气和地处理每件事。这就是考验我们心性的一个过程，这就是“动心忍性”的过程。

“行到水穷处，坐看云起时。”唐代诗人王维将磨炼心性描写得甚有意境：沿着山里的小溪走去，一路虽千辛万苦，但终究抵达源头，此时虽山穷水尽，但当心完全静下来时，才发现陡峭的山腰间已有氤氲的云雾飘飘升起。这是一种境界，一种在攀越险峰时才能看到的美丽景象。

锻炼自己的心性，也是需要历经险峰的。在磨炼心性的过程中，我们会体验各种烦躁和无法忍耐的感觉，但当我们跨越了这一道道艰难险阻，来到山腰观赏到渺渺云雾时，心灵上的超然感便会油然而生。

当生命中的祥瑞之云在心间升起时，心灵也将随之清澈灵明起来，整个人也会感到前所未有的自信。这一切感觉都来自于内心深处，这种感觉让你不论在何时何地，都能获得“本心”的力量，让自己经受身体上的各种苦难，与此同时，让心灵也更加强大。量变产生质变，只有心灵经历了千锤百炼的考验，才会产生一个质的飞跃，让自己的心达到一个全新的高度。

孔子认为:“天下国家可均也，爵禄可辞也，白刃可蹈也，中庸不可能也。”并感叹道:“道之不行也，我知之矣！”孔子虽知这些道理，为了弘扬自己的道义却依然坚持四处奔走，经历千辛万苦亲自弘道。他的这种行为，表现了知其不可为而为之的精神，表面上看是不知变通、迂腐的行为，实际上却是隐藏了大多数人都不知道的大智慧！

人须事上磨，方能立得住

问："静时亦觉意思好，才遇事便不同。如何？"先曰："是徒如静养，而不用克己工夫也。如此，临事便要倾倒。人须在事上磨，方立得住，方能'静亦定，动亦定'。"

——《传习录》

陆澄问王阳明："先生啊，当我处于宁静的状态时，我有很多很好的想法和理论，但一旦碰到事情，就根本无法控制，脑子一片空白，这到底是为什么呀？"先生答道："那是因为你只在静中修炼自己，贪图的也是一种安逸的环境，最关键的是你没有下克己的功夫，没有让自己在事里修炼。这样一来，你一遇到事就站不住脚跟。人需要在处理事情中磨炼自己，才能站稳脚跟，达到'静亦稳，动亦稳'的境界。"

每一个有成就的人，他的身心都曾经历过一段艰苦奋斗的历程，在动荡的江湖慢慢磨炼自己，在平凡的社会让自己成为不平凡的人。

只有经得起磨炼的人，才能实现理想，成就事业。这样一种艰辛又寂寞的磨炼过程是需要毅力和耐力的。想要成功的人，要让自己耐得住寂寞和孤独，要让自己战胜懒惰和自私，要培养自己不畏困境的精神。

拿破仑曾经说过："自强像荣誉一样，是一个无滩的岛屿。"当我们遇到困难时，应该自强不息，应该在逆境中不断地磨炼自己。俗话说，经历过风雨洗礼的雄鹰才会更加矫健，饱尝过风吹雨打的树木才能茁壮成长。世界上的圣人，每一个都是经历过身体和心灵的双重磨炼，遭遇过无数艰辛困苦后才成为圣人的。

不仅是人类，动物们也深谙磨炼可强大的道理。它们在培养子女心性时，也会采取让它们遭遇磨难，在磨难中强大起来的方法。这里就有一个老虎育子独立的例子。

当雌虎的孩子们年龄尚幼时，雌虎会把猎物最嫩的肉撕成碎片，一口一口喂给小虎们吃；渐渐地，孩子们稍微长大一些，雌虎便只给孩子们吃猎物的骨头，自己独自享用了所有的肉；最后，当孩子们到了应该独立的年龄时，雌虎便会在孩子们面前一次一次把猎物全部吃掉。它用这样的方式告诉小虎们，你们已经到了独立的年龄，是时候自己猎食了。在雌虎一次一次看似残忍的教导下，小虎们终究无法忍受饥饿，一个个离开母亲独自捕猎，自立于丛林。

这种爱，尽管看似"残忍无情"，实际也是为了小虎们好，只有这样，它们才能做到真正的自力更生，好好地生活在丛林里。那么，我们人类又是怎样磨炼自己的孩子呢？

我国古人曾说过："生于忧患而死于安乐""贫贱忧戚，庸玉汝于成也"。澳大利亚未来委员会主席埃利雅德博士说过，应付生活挑战的能力是"可学而不可教"的，"只能在做中学"。这些话的意思很明确，真正的学习来自生活的磨炼，就像王阳明所说："人须在事上磨炼做功夫，乃有益。若只好静，遇事便乱，终无长进。"

话虽如此，然而在我们当今社会里，父母在教育子女的时候，大多都处于以宠溺为主、教导为辅的状态。在我国，新一代的青少年基本都是独生子女。他们的祖辈、父辈都经历过穷困和动乱，心性得到了一定的磨炼。可他们忘记了，尽管生活富裕，社会稳定，但孩子们的身心也是需要得到锤炼的。他们只是一味地满足子女的各种需求，殊不知，这样宠溺孩子，只会让孩子的生活能力下降，不具备独立处世的能力，渐渐地，他们的心灵也会越来越脆弱，完全不能抵御一点打击和刺激。我们可以从大学生因无法承受生活和学习压力而自杀的事例中看到宠溺教育的弊端。

"安乐窝"带给我们的是无尽的身体舒适和心灵安静的港湾，而"安乐窝"也是一切罪孽的开始。要想孩子们经受住各种生活中的挫折和失败，就应给他们一个独立的环境，磨炼他们的身心，以达到真正强大的状态。

"宝剑锋从磨砺出，梅花香自苦寒来。"这句话很准确完美地阐释了磨炼心灵的重要性，人只有在独立面对事情、感受艰难后磨炼自己，在困苦中静心修身养性，才能达到动静皆宜的最佳境界。心灵的磨炼不单单是在安静的环境中独自思索出来的，那样的修身养性是站不住脚、很容易被打倒、经不住考验的。想要真正地成功，就必须在做事的过程里磨炼自己，让身心都真正地强大起来。

忍一时之气，方能见海阔天空

凡人言语正到快意时便截然能忍默得，意气正到发扬时便翕然能收敛得，愤怒嗜欲正到胜沸时，便廓然能消化得，此非天下之大勇者不能也。

——《顺生录》

王阳明认为，若一个人能在高谈阔论时突然安静下来，能在自己最风光的时候收敛自己，能在十分生气的情况下控制自己的怒火，以心平气和的方式处理事情，那么这个人就是具备智慧与忍耐力的心灵非常强大的人。

一位西方学者曾这样说过：“忍耐和坚持是痛苦的，但它会逐渐给你带来幸福。”

人们往往做不到忍住一时之气，导致事业上的失败和人际关系上的破裂。但凡事业成功之人，都是具备很强的忍耐力的，忍耐是成就他们事业的必备品质。因此，一个人如果想要获得成功，就必须具备一定的忍耐力。

王阳明的忍耐力可以从他的军事思想上看出来。在两军相交的战场上，王阳明最擅长的是绝地反攻。在平定朱宸濠叛乱的那场战役中，王阳明率领的军队好几次都陷入绝境，却都奇迹般的反败为胜，最终获得这场战争的胜利。王阳明练就这一军事绝技的必备品质，便是忍耐。在绝境中把控自己、忍耐自己，一旦机会来临，顺势反攻，必能获胜。王阳明的这种忍耐力其实是在被贬谪贵州时练就而成的。当时的艰苦条件和寂寞环境，正好成了王阳明静心忍性的最佳之地，也正因为当时的修身养性，才让自己得以成功。

做人需要忍耐力，天生脾气暴躁之人更需要忍耐力。“自行本忍者为上”，就是要告诫我们：遇事千万不能轻易发怒，要学会自制。能够控制自己情绪的人才是心智成熟之人，才能在日后的生活和工作中得到很好的人际关系。

北宋仁宗时有一位德行很好的宰相，名叫富弼。年轻时的富弼争强好胜、能言善辩，得罪了不少人。为此，年轻气盛的他碰过不少壁，自己的事业、生活都受到很大的影响。经历了挫折和苦痛的富弼总结经验、自我反省，渐渐地变得温和谦逊起来。当他步入中年时，已经成长为一位冷静并且温文尔雅的绅士。当有人对他表示质疑或者说他坏话时，他只会一笑了之，认为别人不会随便说人坏话，也从不把这些闲言碎语当回事。

一日，一位年轻的穷秀才当街拦住富弼，说道：“听闻你博学多才，知天知地，那么我现在就来请教你一个问题，请你务必要指教指教我。”

富弼看到眼前的穷秀才，不由想起年轻时的自己，知道对方只是个喜欢争强好胜、卖弄才学的年轻人。为了满足穷秀才的虚荣心，富弼只好答应他的请求。

于是，秀才摆一摆他的袖子，问道：“请问，欲正其心必先诚其意，所谓诚意即毋自欺也，是即为是，非即为非。如果有人故意谩骂了你，你会做出怎样的反应呢？”富弼笑了笑，答道：“我会假装没有听见，一笑了之。”话音刚落，只见穷秀才哈哈大笑起来，“我还以为你有真才实学，能言善辩呢！结果也是一个俗气庸人而已！”说完，穷秀才拂拂衣袖大笑而去。

富弼的仆人很不解地望着穷秀才远去的背影，嘴里喃喃自语：“真是不明白了，平日里老爷如此能说会道，今日怎么连这么简单的问题都无法回答？”

富弼听到仆人的怨声后，微微一笑，对他说：“这位穷秀才亦如当年的我，实属轻狂之辈，若是你要与他理论，肯定会出现两人吵得面红耳赤、剑拔弩张的情况。如果我俩争执到了这一步，不论谁辩驳成功，对方会依然口服心不服。更何况，这个秀才的心胸如此狭窄，若是辩驳失败，心里定会记仇，将来定会报复咱们。这般徒劳无益的争斗，我是不会参与的！”

仆人听完富弼的回答，连连点头以示肯定。

不想，几日后，富弼又偶遇了那位穷秀才。绅士的富弼主动上前与秀才打招呼，却得到了秀才的不理睬。也罢，富弼淡然离开。才走了几步，只听秀才在身后破口大骂：“富弼，你就是一只乌龟而已！”

仆人匆匆跑上前来，跟富弼说：“老爷，那穷秀才实在张狂，这次居然当街骂您，毁您名誉！”

“不用理会他，他肯定是在骂别人。”

“没有呀老爷，我听得清清楚楚，他就是在指名道姓地骂您！”

“普天之大，同名同姓之人多了去了，又何止我一人名叫富弼呢？”

富弼与仆人边说边走，完全没有理会穷秀才的谩骂，穷秀才只好无趣地走开了。

我们的一生会遇到很多被人嬉笑怒骂难堪的局面。当我们不知道如何面对这些处境的时候，想想富弼的品行，便知道我们实在不必为了他人的不道德伤神恼怒，我们唯一能做的就是充耳不闻，一笑了之。走自己的路，让那些品行不好、无道无德之人自己无趣去吧！因为，无故的争吵和斗争只会带给彼此更多的烦恼和怨恨，这样的结果给双方都会带来更大的伤害。多一事不如少一事，更何况这也不是什么有意义的事，我们又何苦为之呢？

忍一时之气，方能见海阔天空；忍不住一时之气，只能成为井底之蛙，终不得见大千世界之美好，更无法成就事业之伟大。战争中，大获全胜的刘邦对项羽的一时忍耐，成就了他日后的厚积薄发，也使得项羽因一时得意而一败涂地；生活里，忍住胯下之辱的韩信终成大器，为世人敬佩；仕途上，忍受宫刑之痛的司马迁著《史记》而被世人称道；交战时，忍受一时之气的刘备韬光养晦，才能与曹操、孙权形成三足鼎立之势。

忍耐，是一个人优雅品质的表现；忍耐，是成就一个人伟大的选择；忍耐，是伟大的人通有的美好品质。学会忍耐，我们才能成为“天下之大勇者”，才能成就自己的伟大事业和美好人生。

常怀脱俗心，一切恩怨都随风

诸君只要常常怀个“遁世无闷，不见是而无闷”之心，依此良知，忍耐做去，不管人非笑，不管人毁谤，不管人荣辱，任他功夫有进有退，我只是这致良知的主宰不息，久久自然有得力处，一切外事亦自能不动。

——《传习录》

王阳明曾这样教导弟子：“只要你们时常怀有一颗超凡脱俗的心，有意避开无谓的争斗和诽谤，不卷入无意义的争斗中去。将这样的忍受和视而不见持之以恒，不在意他人的嘲讽、诽谤、侮辱，甚至称赞，不管自己的学问有进有退，只要这颗不沾世俗烦恼的心没有退化，久而久之，这颗心终会强大起来，强大到条件反射式地屏蔽这些不良信息。如此一来，你们必成大器。”

王阳明这段经典的教诲，让我们明白了“面对闲话，超然待之”的道理。无论你的学问有无进步，只要修炼了一颗遇到任何事、听到任何话都坐怀不乱的心，就是人生的进步。因为在充满人的这个大社会里，任何一个人都会成为被议论的对象，我们要做的就是淡然待之，不气恼，不在意，不让闲言碎语左右自己。

有这么一个故事。一位年仅三十出头的年轻教师，凭借自己的才学击败学校多位前辈，得到教授的职称。然而，他得到的还有他人的诽谤和质疑。学校里一些品行败坏的人常常散播谣言诬陷、打击这位年轻教师，使他成为众矢之的。

面对如此困境，年轻教师的反应让很多人大惑不解。他依然钻研学问，享受生活，仿佛从不曾听闻这些闲言碎语一般。他周围的朋友都对他的处境担心不已，有时也会替他出头辩解。当朋友们正面问他对此事为何毫无反击之意时，年轻教师从容地笑了笑，说：“人人都有抒发自己情绪、说话的权利，我也有不予理会、听而不理的权利，这就是我为人处世的原则。相信时间久了，这些事儿都会成为过眼云烟，这些无谓的回应，我是不会做的。”

果不其然，学校里的谣言渐渐地消失了。年轻教师的德行也让很多人自惭形秽，再不做无谓、无趣的诋毁。

年轻教师的作为敲醒了很多人。他告诉我们，不用为他人的坏德行埋单。当我们遭到他人的妒忌与诋毁时，不必太过在意，最好充耳不闻，让事实说话足矣。人生短暂，若是将宝贵的时间消耗于此，岂不太不划算？我们有很多有意义的事要做，所以，淡然面对这些闲话，好好过自己的生活，做自己的事业，才是重中之重。

如果我们没有理解到超然于世的意义，只能给自己带来这样的下场：

一位年轻貌美的女大学生毕业后，来到一家十分有名的公司实习。经过自己的努力奋斗，在短时间内，她不仅提前转正，还在获得领导的欣赏和肯定后，被破格升为总经理助理。女孩在获取成功的同时，也得到了旁人的妒忌和闲言碎语。很多人对她恶语相向，甚至还怀疑她的作风，认为她与总经理有染，才能如此之快地获得成功。

女孩从小自尊心强，面对他人的故意诽谤，她忍无可忍，终日与诽谤她的人争吵反驳，也无暇顾及自己的工作和事业。她以为在她的据理力争下，诽谤她的人会有所收敛。谁料到，这些无聊之辈却越发来劲，谣言愈演愈烈……

长时间的反击让女孩心力交瘁，无心工作，以致以辞职收场。女孩为解一时之气，毁了自己的大好前程，让无聊之辈得逞，实在很不划算。

上面这个例子告诉我们：人生在世，若只一心工作和学习，抛开闲言碎语，便能夺得属于自己的一片天空；若不能超然面对，收获的也只是失败。

不要为他人的议论和误解绊住自己通往成功的脚步。恶意的谣言只是修炼我们强大心灵的催化剂，采用正确的方式面对和处理，便能赢得成功；若是采用错误的方式待之，只能迷失自己，落入失败的陷阱。

面对诽谤和侮辱，要内心强大

人若着实用功，随人毁谤，随人欺慢，处处得益，处处是进德之资。若不用功，只是魔也，终被累倒。

——《传习录》

王阳明曾这样告诫人们：一颗坦荡的用功的心是十分重要的。一个人如果做到了脚踏实地，实实在在地学习和生活，那么旁人的故意诽谤和侮辱带来的都是更大的学习动力。一个人做事若不用功，他人的恶意诽谤就会像恶魔一般纠缠自己，以致自己心力交瘁、身心疲惫，而无暇顾及工作和生活，最终，会被自己的心魔累倒。

俗话说得好："木秀于林，风必摧之；行高于人，众必非之。"意思是：树林里长得最高的那棵树，一定会首先遭到风的打击；一个才能高于他人的人，必定会被旁人忌妒诽谤，成为众矢之的。

其实，如果换一种心态来面对这些流言蜚语，成功便会近在咫尺。

王阳明就是前车之鉴。他教诲我们，一个具备真才实学和完美品行的人，流言蜚语只会带来更大的动力，让自己变得更加完美和成功。能从困境里收获动力的人，才是真正的圣人。

美国石油大王洛克菲勒曾在给儿子约翰的信中深刻地阐述了他对侮辱的理解和处理方式：

亲爱的儿子，还记得我一直珍藏的一张照片吗？那张照片里并没有我，有的只是我的富裕家庭的同学们。时光荏苒，多少年过去了，我仍然珍藏着这张并没有我的照片，你知道这是为什么吗？

还记得，那是一个阳光灿烂的日子。我亲爱的老师兴高采烈地告诉我们，一会儿会有一位很棒的摄影师来为大家照相，拍下我们刻苦学习的照片。我亲爱的儿子，在我们那个年代，照相是一件十分奢侈的事情。当听到这个消息时，我们都十分兴奋，我也不例外。我甚至还提前设计好自己拍照时的表情，想留下自己儿时的开心一刻。

当那位摄影师端着神奇的相机对着我们的时候，我笑得合不拢嘴，实在难掩快乐的心情。然而，摄影师在取景后，用手指着我对我们老师说："你那位学生穿得实在太寒酸了，和别的孩子实在不搭调，不如让他离开座位吧！"亲爱的老师用命令的口吻让我离开了座位，我只能望着同学们开心的笑容独自离开。

但是，我亲爱的儿子，面对这样的状况，我并没有愤怒，也没有自怨自艾，更没有埋怨我穷困潦倒的父母无法给我准备体面的衣衫，让我如愿地融进这张照片。相反，我更加感激我的父母，他们在忍受饥饿的时候还为我提供如此良好的教育环境，我一定不能辜负他们的期望。当时的我一边看着摄影师为同学们拍照，一边暗下决心：总有一天，我要成为世界上最富有的人，让摄影师刮目相看！我还要找最有名的画家为我画张属于自己的画像！

我亲爱的儿子，当你拿到这封信的时候，说明我已经成功了，我将誓言变成了现实。如此看来，我儿时遭到的侮辱并没有将我击倒，它反而更加鼓励我前进，侮辱并不是剥夺我尊严的利刃，而是一股排山倒海的动力，催促我去实现我的财富梦想，追求我的美好人生。

从这封信中，我们可以看到，洛克菲勒想要告诉自己的儿子：只要有一颗强大的心，诽谤和侮辱都会成为成功的动力，震撼你的心灵，壮大你的灵魂，促使你改善自己，让你发挥出自己巨大的潜能，成就一番事业。但如果我们消极地面对侮辱，人生将会到达另一个极端，那便是失败，最终一无所获。

所以，当我们面对侮辱，我们要正确坦然面对，将它转换为学习的动力，催促自己更好地做事做人，完成理想和抱负。只有你的成功，能让侮辱你的人对你刮目相看；只有你的成功，能堵住诽谤者的那张恶毒的嘴；只有你的成功，才能成就你美好的未来。

而将诽谤和侮辱转换成动力的关键，就在于我们是否实实在在地用功去追逐成功和理想。这也是王阳明想要告诉我们的道理之一。

人生如璞玉，经打磨才能绽放光彩

常人之心，如斑垢驳杂之镜，须痛加刮磨一番，尽去其驳蚀，然后才纤尘即见，才拂便去，亦自不消费力，到此已是识得仁体矣。

——《静心录》

王阳明曾这样比喻圣人与普通人的区别：普通人的心灵如同一面布满污垢的斑驳的镜子，需要用坚韧的东西费力擦拭才能看得清自己的面目，偶尔沾染上一丝尘埃，也需尽快擦拭掉，才能保持明净。经过这番复杂的程序并一直保持，便能达到致良知的境界。原本明亮清晰的镜子，在历经时间的流逝和圣人恰当的使用后，依然明亮清晰。这样的比喻也形象地印证了王阳明常说的“在事上磨炼”的道理。

王阳明这段“心如污镜”的道理，和《诗经》里的一段论述如出一辙：“如切如磋，如琢如磨。”人生就像一块璞玉，必须经过切、磋、琢、磨以后，才能成为光亮璀璨的艺术品。如此看来，不管是打磨璞玉，还是保持镜子的明亮如初，其实都是在经历了某些事后，磨炼心性的象征。王阳明的一生经历和所有言论都详述了这段话的意义。对他来说，人生中的艰难险阻其实都是磨炼心性的一个重要和必不可少的过程。

《传习录》中记载，王阳明的学生陆澄暂居鸿胪寺时，突然接到家中的来信，说是儿子病危。听到这个消息后，陆澄甚是担忧，心乱如麻，以致无法认真学习。王阳明见此情况，便开导陆澄，说道:“这是一个磨炼心性的机会，学会把控自己的心灵。只有在遇到难事时，还能实实在在地做学问，才能够真正提升自己的能力。”

王阳明终能成为一块精致细腻的“美玉”，也是经历了千难万险的。他在艰难的处境下，体会人间百味；在恶劣的环境里，自我雕琢；在尘埃遍布的人世间，自我清洗……如此，王阳明理所当然地成为了一代圣人。如果不是经过了精雕细刻，如果仅仅是安于普通的人生，那么，即便是王阳明，也只能平庸一世，为世人淡忘。

然而，不是每一颗种子都能发芽生根长出参天大树，不是每一块明镜都能保持明亮且永不破裂，也不是每一块璞玉都能被打磨成精致的美玉。但是，如果不经过努力，不经历心智的磨炼，那么连成为成功之人的基础条件都是不具备的。只有持之以恒、坚持不懈之人，才能取得生命的成功，觅到人生的意义。

人生在世，每一个人都是一颗普通的石头，但若是有一颗想成为珍珠的心，想成为人上人的心，并且坚持不懈地努力，当我们经历一段长期的磨炼后，我们会获得出乎意外的喜悦和成功。

我们知道，雕砚是一件程序十分繁杂的事情。首先，工匠需要涉水于溪流里寻找呈灰色的砚石；然后，运回的砚石需要阳光暴晒，因为只有经过暴晒的砚石才能显现它的裂痕所在；紧接着，未经打磨的砚石需要切磨抛光，这样才能去除粗糙，变得完美无瑕；最后，也是最重要的一步——修底，这也是雕砚过程里最艰难的一步。因为砚石的底部并不平整，在雕刻的过程中无法着力，也就不能雕刻出精致的花纹。所以，如果在前期的准备中，砚石被细心打造，就能有一个完美的基础以供雕砚，才能顺利雕刻成功。

做人做事也是一个道理。只有在事上经历了磨难，我们的心灵才能被雕刻精致，呈现出美好的纹理。

从普通人升华为圣人，王阳明也是经历了一个艰难的过程，在生活的历练下，他将自己打磨平整，雕刻细致，并教诲我们如何成功，赢来属于自己的美好人生。只要我们坚信磨炼的力量，并且坚持不懈地磨炼自己，就一定能活出自己的精彩，取得伟大的成功，实现自我价值。

第四章

于物于己，不悲不喜

——听王阳明讲淡定之心

遇过错，要处之泰然

阴阳一气也，一气屈伸而为阴阳。动静一理也，一理隐显而为动静。春夏可以为阳为动，而未尝无阴与静也；秋冬可以为阴为静，而未尝无阳与动也……春夏此不息，秋冬此不息，皆可谓之阳、谓之动也。春夏此常体，秋冬此常体。皆可谓之阴、谓之静也。

——《传习录》

阴和阳是同一个气，因为这个气的收放而形成阴和阳。动和静是同一种状态，因为这个状态的隐藏和显露而形成动和静。春夏季节能够说是阳、是动，但也不是没有阴和静；秋冬季节能够说是阴、是静，但也不是说没有阳和动……春夏秋冬，一年四季循环交替，可以同时称之为阳和动；春夏秋冬，一年四季固定存在，则又同时称之为阴和静。

天地之间，阴阳浑然一体。无论是人类赖以生存的自然环境，还是单独为个体的人本身，都是一个蕴含阴阳的整体。古时候，人们利用阴阳学说来认识、了解自然。可以说阴阳学说是一种朴素的唯物论和辩证法思想。阴和阳概括了大自然中相互影响的事物或现象的对立面，同时也形容了同一事物内部所存在的两个对立面。就好像白昼和黑夜是相对的，但白昼和黑夜又共同组成了完整的一天。

阴和阳既相互排斥又相互依赖，无论哪一方都是以对方的存在为自己存在的前提，无论哪一方都不可以脱离对方而单独存在。世间万物可以说都分为阴和阳两个方面，然而，在每件事物的阴和阳之中还可以再分阴和阳。这就是所谓的阴阳者“数之可十，推之可百，数之可千，推之可万。万之大不可胜数，然其要一也”。好比人的身体，上半部分为阳，下半部分为阴。背部为阳，腹部为阴。而就腹部为阴而言，上腹部与下腹部也是相对立的，上腹部为“阴中之阳”。五脏所属为阴，心肺位于上焦，因此心肺可以说是“阴中之阳脏”。又比如说，背部为阳，背上部和背下部相对立，背下部则为“阳中之阴”。因此，世界上的每一件事物都包含着阴阳两个面，但不是纯粹的阴或纯粹的阳，而是阴中有阳，阳中有阴。

如上文所说，世间万物都是阴和阳的结合体——阴中有阳，阳中有阴。因此，大家在任何事物的面前都应该站在不同的角度、不同的对立面，以一分为二的观察方式和态度去处理问题，切忌以偏概全、一叶障目，只见阴而不见阳，或者是只见阳而不见阴。因为，只有通过这种方式，大家才能对短暂而长久、简单而复杂的人生有一个更为深刻、更为具体的认识。

同样的道理，动和静也不是绝对的，世间万物也都是静中有动，动中有静。毛泽东曾在《七律二首·送瘟神》中写道“坐地日行八万里”，这句话很清楚地告诉大家，就算你整天哪儿都不去，就坐在同一个地方，你也行走了八万里！但是，你可能会想，既然自己是静止的，凭什么说行走了八万里呢？原理很简单，因为地球每一天都在自转。这就是所谓的静中有动、动中有静最形象的例子。其实，当大家在乘车的时候会发现车窗外的植物、建筑物都在飞速地移向后方，这时大家会清晰地感觉到它们是运动的，而自己是静止的。可事实是，大家是伴随着车子的速度在前进、在移动，而窗外的植物、建筑物这时都是保持静止的。

其实，大家身边很多事物都是动静相宜的。我们做学问、做研究、致良知都是这个道理。如果有一天，大家发现自己的能力好像在一段时间没有进步的时候，就有必要调整、改变自己的方式、方法和策略，千万不要一根筋、冥顽不化、不知变通。还有就是当大家所学习到的知识、技能越来越多、越来越丰富的时候，也千万不要自以为是，大家要静下心来巩固、复习、反复练习，欲求解读其中更加深刻的寓意，让知识沉淀，不至于转眼就忘了。

人的一生就是一个阳中有阴、阴中有阳，静中有动、动中有静的结合体。人生中的喜怒哀乐、悲欢离合，大家都不必太过看重，用一颗平常心看待，遇事冷静，保持一种淡定的状态。人非圣贤，孰能无过。而过错，改的不仅仅是问题的表象，最关键的还是内心深处的一种改造。先生曰：“人有过。多于过上用功。就是补甑。其流必归于文过。”意思就是说：当人犯了错误时，若多多在错误上用功夫，就好像修补破旧的甑（瓦罐），必定有文过饰非的毛病。

人活在这个世界上，没有不犯错误的。但是，大家犯了错误的时候，应该要有担当的勇气。承认错误比改正错误在很多时候更为重要。但是必须要发自内心地自我反省，才能从本质上产生改正错误的动力和决心。“人谁无过？过而能改，善莫大焉。”对错误的正确认识，可以帮助大家及时地改正错误，而若要改正错误就必须采取正确的措施来使自己完善，这样才不会让别人或者自己受到不必要的伤害，也不至于使国家或者社会遭到无故的破坏。

有的人非常固执，不愿意承认错误，总是为自己的错误找借口、找理由。这样的后果就是错上加错，不可能有一个对的结果。更有甚者让错误造成巨大的损失，于人于己都不好，还可能为大家带来更大的伤痛。不承认错误不对，但是只注重表面上的改错也不对。

在我们周围，改错只注重表面功夫的人不少。就说交通违规吧，有一部分驾驶司机其实是不遵守交通规则的。但每当遇见交警的时候，他们就立刻变得遵守起交通规则来，成了好公民。可是，只要驶离交警能控制的范围，超速、不系安全带就成了司机们的家常便饭。不过，要是不小心被交警给逮住了，他们又会特别真诚地承认错误，也表示愿意积极有效地改正错误。只可惜，他们对自己根本不诚信，好了伤疤忘了痛，在没有交警的时候，他们的老毛病就又犯了。而这种反复犯错的根本在于，在他们看来违规不是什么错误，自己只需要在交警面前装装样子。这是多么可怕！如果哪天不幸发生了交通事故，后悔就来不及了。

从前有个人，每天他都会趁邻居不在家的时候，偷走人家一只鸡。后来，就有人对他说："偷东西不是正派人的行为。"偷鸡贼想了想说："那我就改正这个错误，以后每月偷一只吧。"其实，这个故事中的偷鸡贼跟生活中不肯承认自己错误的人一样，根本没有意识到自己的错误，这样的认知就导致这种人即使愿意改正错误也只会在表面上做功夫。而改正错误，首先就得从心开始，要打从心里承认，错了就是错了。

其实，犯错并不是一件可怕的事，怕就怕不能正确地认识错误。一些人在犯错的时候，不但不承认错误还会找各种理由、借口推卸责任，更有甚者会在行动上花心思，以求掩饰内心的愧疚。这种过分地粉饰自己的行为，比犯错误本身更令人不耻。因此，不管是什么样的面子工程，与主动承担责任、知错就改的行动比起来都毫无价值。

失败面前也从容

譬如行路的人，遭一蹶跌，起来便走，不要欺人做那不曾跌倒的样子出来。

——《传习录》

比如，一个行走的人，不小心摔了跤，然后立即站起来就走，但最好不要装作没有跌倒的样子。

王阳明认为，人在遭遇挫折、失败的时候要冷静、淡定。就好像一个人在行走时，不小心摔了一跤，爬起来后拍掉身上的尘土，看看自己的身体有没有受伤后再继续行走，不要自欺欺人地装出一副不曾跌倒的样子，也不要因为摔了一跤，就站在原地不敢前进了。

每个人都会经历辉煌与低谷、成功与失败。但今日的辉煌并不能代表明日的成功，今日的低谷也不能代表明日的失败。而人生恰恰就是需要不同的经历来提醒大家，帮助大家塑造理想中的自己。因此，在低谷与辉煌、失败与成功转化的过程中，我们需要从容地面对每一次的风浪，淡然以处之，勇敢地走下去。

贬谪龙场对王阳明来说是一次失败的仕途经历，但此时的他并没有放弃对自我的追寻。从此，他潜心钻研儒佛道思想，在坎坷的生命旅途中寻找安身立命之本。经过一番学习后，他发现了程朱理学脱离人的生命而知识化、外在化的倾向，特别是其没有显露出来的零碎的弊病，随之而来的就是王阳明以更加简单明了的功夫与“先立乎其大”的入手方法，开创了一门与朱子不同的“成德之学”，从而拓宽了主体独立自主的精神价值世界，展现了道德自律与人格挺立的实践精义及具体途径。因此，以一颗淡然的心去面对失败的王阳明，由此产生了力量，开创了心学。

人生在世，失败在所难免。面对生活中的得与失，起决定性作用的并不是人生的际遇，而是思想的一刹那；成功与失败，有时候不是由个人的努力所决定，而是取决于思想角度的转换。当生活中遇到麻烦的时候，如果连继续走下去的勇气都没了，那岂不是要永远被囚禁在泥沼之中，痛不欲生?

一个看起来像秀才的人，漫步在满是尘埃的道路上，他摇晃着脑袋，背着诗词，很是惬意。

一年前，秀才进京赶考，但是考场失利，金榜无名。心情苦闷的他无颜回家，独自一人在京城浪迹，整日借酒消愁、以泪洗面，很快几个月过去了。而就在两个月前的一天，秀才和几个朋友出游，偶遇一老者，两人相谈甚欢。随后，秀才说出了心里压抑已久的苦闷，老人听后，问道:“昨天早上你最先和谁说话?”

秀才说自己忘了。

老人问他:“你明天会遇到什么人?”

秀才说：“明天还没来，我怎么会知道呢？！”

老人继续问道：“此刻，你面前是谁？”

秀才说：“当然是您啊。”

老人微笑着点点头，说：“昨天的事情已经过去，明天的事还没有到来，只有现在才是能把握的，对往事，你又何必恋恋不忘呢？没有人知道明天会怎样，而昨天也一去不复返，你何不放下挂念，淡然处之呢？你想想你有失去什么吗？没有！你不过是重新开始而已。”

秀才觉得老人说得很有道理，安静地听老人继续说下去。

老人说：“既然是新的开始，又何必执着于从前？就好像流淌的溪水，虽然有时被沙石阻挡，但它终究还是要流进万里波涛啊！你懂了吗？”

秀才真诚地点点头，而此刻在他心中已经有了新的目标：三年之后，再考一次。之后，秀才告别了京城的朋友，踏上了回家的路。

有人说，因为想得太多，所以害怕失败。而想得太多是因为情感丰富，秀才考场失利后的苦闷心情，就是这个道理。庆幸的是他醒悟得及时——心境重归于平淡，以重新确定目标。从秀才身上，我们领悟到的并不是放弃后的心如止水，无动于衷，而是重新踏上征程的豁然。从此，他不再执着于过去的遗憾，也不再幻想着未知将来，把心思放在当下，把眼前要做的事情做好。

某作家说：“生命是个橘子，自己决定了生命，就像你选择买了这个橘子，酸甜就要自己负责了。生命是个橘子，一瓣跟着一瓣，有时是甜的，也有时是酸的，但也要亲自尝了才酸甜自知。”生命就是一次旅行，每个阶段的行程都需要一个开始，通过你的亲身经历，勇敢地面对成功与失败。

其实，成功的人之所以能够成功，并不是因为他们是多么的聪明能干，而是因为面对成功与失败，他们都很淡定，都要继续往前迈一步，即使只是一小步，成功也都会靠近一点点。而王阳明因为深知淡定地面对失败，是从失败转向成功最有效的办法，所以他鼓励大家在跌倒后爬起来继续行走。

要有不迁怒于人的修养

怒所不当怒，是怒鬼迷。

——《传习录》

王阳明认为，一个人毫无理由地发怒，实际上是被“怒鬼迷住了心窍”。这种怒就是人们常说因为自己内心的不快而迁怒于他人的行为。“不迁怒”语出《论语·雍也》，其目的就是劝诫人们，如果不开心，有烦恼和愤怒，不要将其发泄到别人身上，伤害他人。

把怒气发泄到他人身上是许多人都会犯的错误，而被迁怒的对象一般是大家身边最亲近的人，比如家人和朋友，这主要是因为家人和朋友常常会包容和忍耐自己，不会跟自己斤斤计较，而且即使他们要反驳自己，也会选择恰当的方式，不会恶意攻击，最终彼此还是会化干戈为玉帛，亲密如初。

“踢猫效应”是心理学上一个专门用来形容迁怒带来的连锁反应的名词。

小刘是一家公司的市场部主管，一日，小刘在上班途中，遇到堵车，违规行驶，结果被交警罚了款，心情很不好。到公司后，小刘的下属小王来找小刘汇报工作情况，小王不幸成了小刘情绪宣泄的对象。小王因为无缘无故地被上司批评了一顿，心情也变得非常糟糕，一整天都黑着个脸。晚上下班回家，儿子见爸爸小王回来了，飞快地把自己画的画拿给爸爸看，希望得到爸爸的表扬。可小王因为公司的事很烦躁，因此，他不但没有表扬儿子，反而把儿子骂了一顿。儿子就这样被爸爸莫名其妙地骂了一顿，心里十分委屈，却又无法反抗。这时，家里的小猫花花经过他的面前，气头上的儿子狠狠地踢了它一脚……

在这个小故事里，每个人都犯了同样的错误，那就是“迁怒”。让这种坏情绪延续了下去，把本来快乐的生活变得苦恼了。

南怀瑾是我国著名的国学大师，在他的一篇杂谈《天，妈呀！》里就讲了这样一个故事：

名宰相俾斯麦和国王威廉一世，曾在第一次世界大战前，共同治理普鲁士。他们希望以普鲁士为中心的德国强盛起来。威廉一世的脾气本来就很差，同时又因为受到俾斯麦的约束，常常气得他回到后宫时就乱砸东西。有一次，威廉一世又在发脾气，于是皇后就问他："俾斯麦又惹你生气了吗？"威廉一世说："是的！"皇后说："你是一国之君，为什么要受他的气呢？"威廉一世说："他是一人之下，万人之上的首相。下面人的气他都得受，他受得气不比我少。可是，他受了气没地方发泄，只好拿我当出气筒！我是一国之君，就只能摔东西出气了！"而威廉一世正是因为不迁怒，一直隐忍，才让德国强盛起来。

迁怒于他人，只会带来更加悲剧的结果。不过，只要大家能刻意地修炼自己不迁怒于他人的德行，时间一长就会养成习惯，自己的性格也会改变，成为一个更加有修养的人。

不迁怒于他人实际上也符合孔子的"己所不欲，勿施于人"的"忠恕"之道。孔子曾说："人不要拿自己的标准去衡量他人，自己能做到的，不能要求别人也做到。"其实，迁怒就是这个道理，自己心中有不满、有怨恨，要学会自我调节，不要伤害到无辜的人，这样才是有涵养的做法，也不至于使自己的人缘变差。

平和之心是王阳明所追寻的，因此他反复地劝诫人们不要轻易动怒，更不要无故发怒，特别需要注意的是万万不可迁怒于他人，否则将带来无法弥补的伤害。

淡泊名利看世间万物

贪心生，责此志，即不贪。

——《示弟立志说》

身心统一的人类也是社会关系的总和。因此，维持内心的平衡与稳定对于每一个人来说，都十分重要。人活着，烦恼、忧愁、苦闷都是无法避免的，这样就会让心灵失去平衡感。人一旦心里失衡，就会没有安全感，容易跌入人生的谷底。那么大家要怎样让自己的内心保持平衡呢？

佛曰："人生本来是苦的，苦的根源在于各种欲望。"所以说，人类因为欲望过强而无法满足时，就会出现心灵失衡。而当一个人的野心太大，欲望太多时，这个人就会被各种贪欲左右。钞票永远不嫌多，官位永远不嫌高，房子永远不嫌大……贪欲就像干草一样，一旦引燃，就很难扑灭。于是，接踵而来的自我否定、盲目的攀比、虚荣之心就一步步把自己推向了痛苦的深渊。潜心修炼是佛教认为摆脱欲望之苦唯一的方法。从内心到行为务必都要按照一定的规则进行修炼，避开尘世间的杂念，让大大小小的欲求都随风消散，最终将有望修成正果。

王阳明对佛教的以上看法表示怀疑。他认为，一个普通人一生其实只做了一件事，从出生到去世，从黎明到黄昏，不管有多少事还是根本没有事，都需要做的一件事，那就是“必有事焉”。意思就是说：做任何事情，欲速则不达，所以要用唤醒内心的良知去处理相应的事情。对贪欲处理方式同前者一样，不要被眼前的蝇头小利所迷惑。如果一个人能够将良知推广到身边的每一件事物，那么大家在日常生活中所见到的那些善良的人就是真实的，那些不善良的人的心也许就被一时的得失而左右，失去了良知。因此，一个人如果要对世间的万事万物都有良知，那么这个人就必须要有一颗淡然的心，“与贪婪断交，与清风做伴”。淡泊名利，从容不迫，随遇而安。

古时候有许多政治家都具备这一品质，明朝宰相于谦就是其中一位。

正统十四年（1449 年）于谦击败瓦剌，大明江山幸免一难，于谦也因此受到很多赏赐，但他根本不在乎。在于谦看来“钱多自古坏名节”，钱对他来说一点价值都没有，作为朝廷重臣，他从不利用官职徇私枉法，贪污受贿，一生清正廉明。他自己平日的开销很少，俸禄多用来救济贫穷亲朋。平时生活勤俭节约，穿衣朴素，吃的也简单，从来不会浪费。在那个时候有钱人都特别注重生日，每当生日之时，必要大办特办。但于谦很特别，他过生日从不请任何客人，也不收任何礼物，他会选择一个人在家静坐冥思，回忆自己以前的政务，由此来提醒自己如何做得更好。

于谦处理国家事务，工作非常繁忙，日夜分国忧，不问家产，所居仅蔽风雨，门前无列戟，经常被人“错认野人家”。可见，身居要职的于谦做事高调，做人却很低调。

当时，有个叫王振的宦官，手中握有重权，他凭借职位滥用权力，毫无顾忌地贪污受贿。很多大臣为了让他在皇帝面前美言几句，都来讨好献媚。但凡去拜访王振的人，都是带着百两银子的；如果能成功地献出千两银子，那么将会得到王振的热情款待，让你“满意”而归。但是，于谦不信邪，他每次进京办事，都是两手空空。于是就有人对他说：“金银财宝你不想送，土特产你还是捎上点吧？”每每遇此劝告，于谦总是哈哈一笑，然后甩开他那两只袖子，说：“只有清风。”后来，他还写了一首名为《入京》的诗以表明自己志向：“手帕蘑菇与线香，本资民用反为殃。清风两袖朝天去，免得阎闾话短长！”

“铁打的官场流水的官”。历史舞台上的每一个政治家都是过客，他们的功过是非都会遭到后人的评论。王阳明于嘉靖七年十一月二十九日病逝，消息一传开，远近的百姓自发组织起来为王阳明哭送，虽然王阳明已经离大家远去，可是他的事迹与赞誉留在了人们心中。一个忧国忧民的清官会受到世人的爱戴，即使他没有什么特别的丰功伟绩，但是他那种为造福百姓而克己奉公的精神，将永远留在民间，并世代传扬。

我们都是普普通通的人，思想简单，活得简单，内心便会开阔。什么名利都不过是浮云，终会消散。所以，名利乃身外之物，与其辛苦地追寻，还不如放下那些无止境的欲望，让生命多一分知足。任凭时光流逝，而坚定自若，做一个与贪欲断交、与清风做伴的人，宽容地对待世间万物，你会发现生活的真善美。

不悲不喜，安之若素

有根方生，无根便死。

——《传习录》

在这个世界上，人与生俱来的体貌特征都是独一无二的，他们有着各自的气质内涵。人活着，都有自己的思想，都有独立的世界观和价值观，所以，无论外界环境如何变换，人都要保持自我，要精神独立。

王阳明小的时候，经书、科考、功名时常围绕着他。唯有发奋读书，金榜题名才能过上富饶的生活，走进皇权贵族。

王阳明第一次参加科举考试时榜上无名。他父亲的同僚宰相李西涯就来安慰他，开玩笑说："汝今岁不第，来科必为状元，试作来科状元赋。"年轻气盛的王阳明立马"悬笔立就"。在场的许多他父亲的好友都称赞他是天才。俗话说，树大招风。那些忌妒王阳明的人便说："此子如果取上第，目中不会有我辈矣。"第二年，丙辰科会试，因被人幕后作乱，王阳明再次名落孙山。

总结王阳明失利的原因，就在于他违背了“人乎其中又超乎其外”的规则。太想要取得成就，反而什么也得不到。两次失利，让凡心未脱的王阳明充满了挫败之感。但是，他换个角度一想，内心才是真正需要改善的地方，不要违背自然，要学会调整自己的心态去适应自然。

珍惜拥有的一切，感恩自然给予你的生命。不过分地在意物质条件和外界环境，这样你才会过得快乐。

从前，有个人为了让自己快乐，踏上了寻找解脱烦恼秘诀的旅程。一天，他在一个山脚下遇见一位衣衫褴褛却自在地骑在牛背上吹着横笛的牧童。牧童的逍遥打动了他，他问牧童：“我很羡慕你，你有什么方法可以帮我解脱烦恼吗？”牧童说：“一牛，一笛，无烦恼。”这人照着这样试了试，却依然烦恼。于是，他不得不再次踏上旅程。

一天，这人在一个山洞里遇见了一位老人，老人看上去很慈祥。他向老人鞠了一个躬，然后告诉了老人自己的来意。老人笑了笑说：“你的意思是说你是来寻求解脱的？”这人说：“是的！”“有谁把你捆绑了吗？”老人问。“没有人捆绑我。”这人回答。“哈哈哈！”老人开怀大笑，“那你何谈解脱呢？”这人恍然大悟。

生活中，想要解脱的人比比皆是。可实际上并没有人被绑住了手脚，他们被绑住的是内心。打开心中的枷锁，净化心灵，你

便可以超然物外，获得自由。一个人，因为欲念太多，而变得烦闷。事实上，生命给你的所有都是最好的，不属于自己的就不要去强求，不要贪婪地向生命索取什么，简简单单地生活，纯粹而自然有什么不好吗？知足常乐。

孟浩然是唐代颇有名气的文人，富有灵气，文采卓尔不凡。他年轻时，和其他人一样，希望靠着自己的诗书和才华求取功名，光耀门楣。但是年轻气盛的他，锋芒太盛，结果因为一首诗惹怒了唐玄宗，从此仕途不济。孟浩然见做官无门，就怅然地离开了古城长安。

经过一段时间的静坐冥思，他参透了人生之味，于是归隐田园，寄情于山水，过着逍遥自在的生活。

当时，朝中有一位清官韩朝宗，身兼数职，既是荆州大都督府长史，又担任着襄州刺史，还是山南东道来访处置使。他久闻孟浩然的才华和名气，并且深知孟浩然的遭遇，于是有心举荐他。

韩朝宗深得皇上信赖，曾经为朝廷发掘了许多栋梁之材，如果这次孟浩然和他一同去长安，应该有很大的希望。在韩朝宗的一番劝说之下，孟浩然答应了，并和他约好出发的时间。可在临行前，有一个和他意气相投的朋友前来拜访，孟浩然兴致勃勃地和他把酒谈笑，竟然把去长安的事抛到了九霄云外。韩朝宗左等不见人来，右等没有半个人影，大失所望，只好一个人走了。

从此，孟浩然彻底地脱离了仕途的俗念，忘情于变幻多姿的大自然中，从中汲取灵感，并以山峦、树木、松月、飞鸟和鸣蝉等为素材，创造了意象万千的诗歌。

孟浩然摆脱俗世的纷扰，归隐山林，虽然有些消极，但确实让人羡慕。在现代社会，只有保持一颗平常心，不以物喜，不以己悲，才能在浮躁忙碌的生活中获得心灵深处的宁静和快乐。

时间会改变很多东西，包括人心。生活其实是简单的，但是，随着时间、年龄变化的内心，让人们把生活变得复杂。有一种人，他们“不以物喜，不以己悲”，这就免除了很多烦心的抉择，他们用选择简单自然的生活方式而获得快乐。有时候，一些事情来得很突然，人们根本没有时间和机会思考、抉择，这时，唯有打开自己的心扉，坦然地接受现实，随性地生活。“俟命”是王阳明提出过的一种生死态度（“俟命”就是任命）。不过这里的任命和随性，并不是随便、不努力，而是不违背自然规律，不急功近利，懂得准备好等待机会，不消极、不悲观、不骄不躁的一种心态。

大自然赐予了人类一切，也赐予了人类自由选择的权利。大自然是无私的，它能够包容世间的一切。而人却往往不肯放过自己。

不伤春悲秋，淡看岁月轮转

无欲之谓也，是谓集义者也。

——《静心录》

那些优秀的人喜欢回忆过去的美好，当风光不再、年老色衰之时，总是唏嘘不已。从古至今，那些年少成名的天才儿童们长大后都变得平凡无奇；年轻时有过巨大成就的人，年老之后也销声匿迹。这两种人都会感慨岁月的无情，那些曾经的辉煌如天空中的浮云，不禁被风吹散，人与人之间的感情也越发地淡薄。

作为军事家和政治家的王阳明，他的丰功伟绩被载入史册；另外，他作为一名思想家，开创了儒学新天地，不愧为一代心学宗师，而受人敬仰。梁启超曾评价王阳明："他在近代学术界中，极其伟大，军事上政治上，亦有很大的勋业。"但了解历史的人都知道，他这一生经历的波折和坎坷不计其数，被贬官、被诬告、卸甲归田……都是他人生中的关键词。

当操纵朝政的太监刘瑾被打倒后，王阳明被重新起用。但是仕途依旧处于低谷，在他接到旨意被任命为南京兵部尚书时（一闲职），忧愤之下，随即以有病在身，辞官回乡，兴办书院。嘉靖六年（1527年），两广地区多次爆发少数民族起义，朝野上下无不为之头痛，这时他们又想到了卸甲归田的王阳明，于是，朝廷下旨让他“重出江湖”，前去镇压那些作乱分子。只不过，两广战役后，他肺病加疾，身体状况大不如从前，嘉靖七年（1528年），在归途中病逝于江西省南安舟中。

为官之路是艰辛的，但为了江山社稷，王阳明总在国家需要他的时候挺身而出。他擅长把一切归零，忘记过去的辉煌和苦难，重新开始。

四川眉山人苏洵，字明允，与其子苏轼、苏辙合称“三苏”，被列入“唐宋八大家”。

苏洵很有才华，同时在文学上他也取得了不小的成就，但这一切并非偶然，这是他寒窗苦读几十年，刻苦钻研之后所得的结果。据他自己说，小时候，他只知道玩，从不爱学习，都25岁了才开始读书。一开始，他很自信，觉得自己很不错，比其他人都学得好。直到有一天，他看到谢安写的一篇关于让人珍惜时间、努力学习的故事。读第一遍的时候，他被这个故事吸引，于是他又读了一遍，这次他更加有所领悟。以至于最后他反复地读了好几遍，让人兴奋的是，他每读一遍，都会有不同的收获。那个故事让他找到了自己的影子，他不由得发出感慨：时光飞逝，年近30的自己虽然爱好写文章，却没有什么造诣，都是些平庸之作。他寻思着：人生短暂，我还不努力，以后就没机会了！从那时起，苏洵放弃了许多玩耍的时间，开始发愤图强。一年多以后，他读了不少的书也写了些文章，自我感觉良好的他匆忙地参加了录取秀才和进士的两场考试，不幸的是，两次考试他都榜上无名。经过一番思考之后，他惊觉古人的“出言用意”都跟自己大不相同。然后，他静下心来，诵读《论语》《孟子》以及韩愈的文章。读了快十年的时候，他终于发现了古人的写作妙在何处，而自己那些不成熟的作品什么也不是。于是在某一天，从苏洵的书房内冒出了黑烟，被惊吓的家人急忙来到书房，开门一看，原来是苏洵把自己多年来写的许多文稿丢进了火炉，这意味着一个新的征程开始了。

从此以后，苏洵闭门谢客，焚膏继晷，刻苦攻读书卷。年复一年，六年之后苏洵的文化底子算是打好了，这时的他出口成章，文笔极佳。

在这个故事里，苏洵敢于正视自己的问题，把那些不成熟的书稿全部烧掉，由此来坚定自己重新发奋学习的决心。这件事告诉大家，面对一点小小的成就，切忌沾沾自喜，要勇敢忽略那微弱的光环，才能在以后的发展中取得更加丰硕的成功。如果因为一点小小的成就自以为是、停滞不前，那么相对那些前进的人，你就落后了，终会成为人家的垫脚石。唯有像苏洵那样舍得放弃，才会拥有一切。

俗话说:“智者莫念昔日功，好汉不提当年勇。”男子汉大丈夫，不会因为遭遇到一点小的挫折，或身处逆境，就自暴自弃。他们无论如何都不会被打倒，曾经的辉煌对他们来说没有任何价值，胸怀宽广，不拘小节，让他们活得洒脱。过去的一切都已经结束，他们不被往事所累，活在当下，致力于手中的事情，他们才是生活的智者。

一些人，因为对现实不满，就宁可活在回忆里。因为现实与他们所期待的有了落差，心理上就失去了平衡，一头扎进苦难的深渊不可自拔。而就在这些人自欺欺人般地活在过去的辉煌里时，最有价值的就是“遗忘”。每个人的大脑容纳的信息是有限的，心也一样，旧的东西不抛诸脑后，新的东西根本就装不进来。不好的痛苦记忆应该遗忘，过去的光环不应该勉强它继续闪烁。想象一下，一个正常的人从他出生到去世，他什么事情都记得的话，那他该什么样呢？

人生有不同的阶段，每一个不同的阶段都是一个新的开始。每次新的开始就好像是重新站在起跑线上，一切归零。一次新的起跑，实际是对过去的一次总结，也是对未来的一个新的期许。就像一首歌唱的那样“往事不要再提，人生几多风雨”，过去的终究已经过去，好比绚烂的烟火，灿烂一时，繁华过后一切归于平淡。打点好行李，整理好思绪，随时准备踏上新征程，也做好在新的征程中可能会重新开始的心理准备，不慌不怕，这不过是人的又一次新生。

面对流言蜚语，坦荡处之

人若着实用功，随人毁谤，随人欺慢，处处得益，处处是进德之资。若不用功，只是魔也，终被累倒。

——《传习录》

正德十四年（1519年）宁王朱宸濠的叛乱被王阳明平定之后，那些忌妒他的人就开始议论他，说他的坏话。这一天，王阳明正在上课，一时性起，他让学生们对有人说他坏话这件事发表点看法。这时，有学生就说，因为老师政绩突出，平步青云，那些无所作为的人就开始忌妒他；也有学生说，老师德高望重，其学说受人推崇，那些与老师学说相悖的宋儒理学争辩拥护之人就开始煽风点火，败坏老师名声，等等。学生说完以后，王阳明若有所思，表示同意学生们的看法，但也有一些学生们没有说到的因素。他表示，到南都之前，自己是一个看上去忠厚老实、实际上做事毫无原则、喜欢随大流的人，现在，懂得了一些道理，良知逐渐唤醒，是是非非看得清清楚楚，自己光明磊落毫不畏惧。想做什么，该做什么，怎么做都由良知来指导自己。也许，有人说王阳明狂妄，但是他已经不在乎了。

王阳明曾说：“人若着实用功，随人毁谤，随人欺慢，处处得益，处处是进德之资。若不用功，只是魔也，终被累倒。”所以，在面对他人无理的指责和侮辱时，既要有“无所谓”的心境，又要自我激励，无论是学习还是工作都要做得更好，要自信，不受外界环境的影响，脚踏实地付出实际行动，才能在逆境中受益。

面对他人的刁难，要有“走自己的路，让别人去说吧”的心态。不要去极力地为自己辩解以求澄清事实，时间是最好的证明，用心安静地等待，真相就会出现。

古人云：“所谓夫大道不称，大辩不言，大仁不仁，大廉不谦，大勇不忮。道昭而不道，言辩而不及，仁常而不成，廉清而不信，勇忮而不成。”这句话就是说：真理无须高调地宣扬，最好的辩解就是不说，最仁爱的人就是不必向人表示仁爱，最清廉的人就是不必表示谦让，最勇敢的人就是从不伤害他人。因为，真理靠实践支撑，太外露的话就不算是真理；无论你口才多么好，辩解总有破绽；一个人随意施展自己的仁爱之心反而就不仁爱了；水至清则无鱼，清廉到极点反而没人相信了；如果勇敢到肆意伤害他人那也算不上是真正的勇敢。

如果你能悟透上面的道理，那么你就懂得了人生。真理会在时光的打磨下日渐显露，所以无须高声宣扬。而做人也是一个道理，你无须太高调地往自己身上贴标签，日久总会见人心。一个有修养的人，他应该懂得“浊者自浊，清者自清”，对他们的指手画脚一笑处之。

元丰二年（1079年），苏轼因“乌台诗案”入狱，第二年，宋神宗为了试探他是否有悔改之心，或是否有谋反之意，就安排了一出戏。让一个太监装成小偷，然后被捕入狱，和苏东坡关在一起。每天吃饭的时候，太监都费尽心思地想套苏东坡的话，可他只管吃饭，头也不抬地说：“任凭天公雷闪，我心岿然不动！”晚上，太监又故意挑拨道：“苏学士睡这等床，岂不可叹？！”苏东坡充耳不闻，只管睡自己的觉，不一会儿便打起了呼噜。

第二天天未亮，太监就叫醒了苏东坡，拱手道：“苏大人，小的无礼了，不过我也是奉皇上之命前来试探大人的心意。”当场，苏东坡就被赦免了。回过头来一想，那可真是危险的一夜啊！稍有疏忽，苏东坡可就小命不保了。

俗话说：“君子坦荡荡，小人常戚戚。”苏轼在牢里如此坦荡，是因为他内心光明。在生活中，坦荡并不是任何人都能做到的，试问，在这个世界上有几个人敢说自己一生清白，无愧于天地良心。宋神宗安排的这出戏，实际是很有效的，它抓住了人的心理特征—— 一个心中有鬼的人是不可能做到倒头就睡的。而被蒙在鼓里的苏轼也万万没有想到，这一睡倒还睡出个“赦免”。所以，你如果想要有个踏实的睡眠，务必要像苏轼一样有着坦荡之风。

人生活在群体之中，说得多了，难免有失真之语。如果这失真之语是有目的的、是恶意的、具有攻击性的，那就是诽谤了。“明枪易躲，暗箭难防。”有时候，诽谤和流言并不是我们能够控制的，无论你是谁，无论你身在何处，流言蜚语总是存在的。如何面对流言就是对我们的考验了。王阳明面对诽谤时是“遇谤不辩”；美国总统林肯也曾说过：“如果证明我是对的，那么人家怎么说我都无关紧要；如果证明我是错的，那么即使花十倍的力气来说我是对的，也没有什么用。”这两人虽然所处的时代、身份、国籍不一样，但他们所领悟到的道理却是一样的。

诽谤并不可怕，只要你坦然面对。“浊者自浊，清者自清”，那些流言蜚语终是不堪一击的。古代圣贤通过他们的亲身体验总结出的生活哲理，告诉世人要学会“不辩”，只有这样人才能活得随性，才不会与他人斤斤计较；学会“不辩”，你的内心将会充满阳光，对生活少了份抱怨，多了份感恩。

第五章

反躬自省，成就自我

——听王阳明讲自省之心

战胜自己等于战胜一切

澄问："有人夜怕鬼者，奈何？"先生曰："只是平时不能'集义'，而心有所慊，故怕。若素行合于神明，何怕之有？"子莘曰："正直之鬼不须怕，恐邪鬼不管人善恶，故未免怕。"先生曰："岂有邪鬼能迷正人乎？只此一怕，即是心邪，故有迷之者，非鬼迷也，心自迷耳。如人好色，即是色鬼迷；好货，即是货鬼迷；怒所不当怒，是怒鬼迷；惧所不当惧，是惧鬼速也。"

——《传习录》

王阳明在《传习录》里写过这样一段话：一天，陆澄问王阳明："有些人一到晚上就十分害怕，他们怕的是鬼，这该怎么办呢？如何消除这样的惧怕呢？"王阳明回答道："这就是平时没有修炼好自己的德行，导致精神、心灵的不足，让自己感到害怕。如果自己平时的行为光明正大，那还害怕什么呢？"马子莘听后也提了个问题："正直的鬼当然不必害怕，怕就怕遇到邪恶的鬼，不管好人与坏人，它都会来干扰，所以还是令人害怕的。"先生又说道："哪里有邪恶的鬼能迷惑住正直的人的说法？如果心里有了恐惧感，那么就说明你的心也跟着邪恶起来了。所以，能被这样的事迷惑住的人，不是被邪恶的鬼迷惑了，而是被自己的心迷惑了。如果一个人好色，是心被女色迷惑了；如果一个人贪财，是心被钱财迷惑了；如果一个人在不该愤怒的时候愤怒了，是心被怒气迷惑了；如果一个人被不该恐惧的事吓着了，是心被害怕迷惑了。”

心有不正者，才易受外界影响。如果我们做人光明磊落、坦坦荡荡，就不会轻易受到影响和打扰。

《庄子》里关于齐桓公的一则故事可以很好地诠释这个道理：

一日，管仲驾着马车与齐桓公一起到草泽中打猎。这时，齐桓公见到一位头戴红帽、身着绿衣、长相十分怪异的人从眼前一闪而过。他扯了扯管仲的手，惊愕地问：“仲父，有没有看到一个很怪异的人从眼前飘过？”管仲十分镇定地回答：“我什么都没看见呀！”回去的路上，齐桓公始终心神不安，认为自己看见了鬼，好长一段时间都不敢再出门。

齐国一位名叫皇子告敖的人听说了这件事，为了解开齐桓公的心结，他这样对齐桓公说：“鬼是不可能加害于您的，您不要自己伤害了自己呀。心中存有不平之气，会使人魂不守舍，无法应对外来干扰；不平之气向上冲而不下行，易使人动怒；下行而不上达，会使人健忘；不平之气不上不下，会使人生大病。”

齐桓公听后，半信半疑地问：“那么，你觉得这世界上真的有鬼吗？”

皇子告敖回答道：“有，任何地方都有鬼。‘履’是泥沟里的鬼，

‘髻’是灶台上的鬼。我们的家中其实也是有鬼的。雷霆神居住在家里僻静的地方，名叫‘倍阿鲑蠪’的鬼常跳跃在东北方墙角下，名叫‘泆阳’的鬼常年居住在西北方的墙角下。‘罔象’鬼在水中，‘夔’鬼在山里，‘彷徨’鬼在野外，‘委蛇’鬼在草泽。”

听到这里，只见齐桓公眼睛一亮，问道：“请问‘委蛇’长什么样呢？”原来，齐桓公就是在草泽里看见的“鬼”。

皇子告敖得意地笑了笑，因为他早就打听到齐桓公所形容的在草泽里见到的鬼的样子。于是，他很快地回答道：“委蛇，大如车轮，长如车辕，头戴红帽，身穿绿衣。惧怕雷车之音，听到雷车的声音就惶恐不安，只会傻傻地愣在那里。但如若谁见到此鬼，日后便可成为天下之主。”

听到这里，齐桓公大笑说：“原来我见到的鬼是神明对我的预见啊！”接着他便与皇子告敖开怀畅饮起来，之前对鬼的惧怕和担忧也瞬间消失了。

从这个故事我们可以知道，真正能伤害自己的其实是自己消极的心理，越是不积极面对生活，就会越恐惧生活。一旦将消极心理转变为积极心理，那么外界所有的不良影响都不会对我们产生作用。

生活中，我们每一个人都会不时地遇到一些磕磕绊绊，一些挫折给我们带来消极情绪是在所难免的，我们无法控制一些悲惨事情的发生。但是，我们能控制自己的内心，我们要做的就是从容淡定地观察事件的另外一面，总有一些积极的因素等待我们的挖掘和认识。这么做，其实就是在增强自己的心气。

一个人如果心虚神弱，负面的情绪便会乘虚而入，扰乱原本积极的心态和情绪。所以，想要保持积极的心态就得具备充沛的心气和“健忘”的精神。这样一来，才能抛开由逆境挫折带来的负面情绪。

孟子倡导养“浩然之气”，说的也正是“增加心气”的道理。孟子认为，当我们将“心气”培养到“至大至刚”时，则“充塞乎天地”。这时，我们便能淡然面对事物，不受外界的任何影响和干扰。此所谓“我心自有主宰”。当心气修炼到这般境界，便能做到孟子所说的“富贵不能淫，贫贱不能移，威武不能屈”。

那么，我们应该怎么做，才能培养这种“浩然之气”呢？这里，我们就要谈到“集义”之道了。

所谓“集义”，就是要把握心气的发生。我们在欣赏画作、诗词，游览山间、水流，谈论远古今朝时，都会有一些感悟和感慨。这是我们对这些美好的事物的一种赞叹，能让我们心神恬淡、身心愉快。每每这时，便是心气的发生。这时，我们应该把握和记住这美好时刻，并将其细细品味，永刻脑海，并返观内心，让美好的心情扩充自己。这便是“集义”。

平常我们在接人待物时，也应该让心灵和行为都保持坦坦荡荡，不要做有愧良知的事。这样，我们的心自会光明磊落，没有任何负担。“行有不慊于心”说的就是这个道理。

若是做到了“行有不慊于心”，心气自然不馁。以前的你，在遇到挫折和逆境时，会不由自主地产生消极心理，并毫无反抗地任凭负面情绪影响。而现在的你，在领略了心气的力量后，内心的定力会让你认清挫折与逆境都是幻象。只要你的心气能强大到阻止消极情绪进入心灵，那么，外界所带来的负面东西将不会影响你的正能量，也就伤害不了你。

当你不断地培养你的心气，使内心不断充实起来的时候，你就很容易发现事物积极的一面，将消极情绪缩减至最小，甚至是忽略掉负面事物。如此一来，你便能战胜任何负面的东西，超越以前的“自我”，轻松自在地生活，让自己越来越有信心，从而激发自己更大的能量。

我们常常听身边的人这样说：“人生旅程中，最大的敌人其实是我们自己。”这句话想要告诉我们的也是这个道理——只要把握住自己的心灵，让它不断成长，吸收正能量，便能增强心气，让内心坚强且归于宁静，便能经得住任何逆境和挫折的考验，也能经受住各种压力的侵袭，从而挖掘出自己的能力。

懂得反省，让自己更完美

天理人欲，其精微必时时用力省察克治，方日渐有见。

——《传习录》

“存天理灭人欲，其中的精细微妙之处需要我们常常反省自己，时时返观内照，日子久了才能看见。”这是王阳明对自我反省的深刻理解。他认为，一个想要成功的人必须经常自我反省，在反省的过程里总结经验和教训，从而更加深刻地认识自己、改善自己。为什么一定需要自我反省呢？当我们想了解一个东西的重量时，需要用秤称；当我们想知道它的长度时，需要用尺量……由此看来，若我们真心想了解某种东西，一定需要某些标准对这件事物的衡量。同样是这个道理，当我们想要了解自己时，也就需要自我反省和自我检查，这样，才能知道自己的长处和短处，从而弥补短处，发扬长处。

年少时候的王阳明通过一件亲身经历的事学会了自我反省。那时，王阳明的父亲带着他去居庸关“见世面”，回家后，他便向父亲夸下海口：“以后，我要用几万人马去讨伐鞑靼！”父亲听后大怒并批评他过于狂傲且不切实际。为了理解父亲的训斥，王阳明反躬自省，最终向父亲承认了自我夸大的错误。从此之后，“格物穷理”就成了王阳明每天必须做的任务。在“格物”的过程里，王阳明也时常自我反思自己理论的正确性。他通过一次次的实践，验证自己的理论，最终创立了心学。王阳明通过自我反省，获得了成功，成就了自己。

通过反躬自省成就自我的人有很多，孔子的学生曾参也是其中一个。曾参每天从三个方面反省自我：帮人办事有没有做到百分百的尽心竭力？与朋友交往有没有做到以诚相待？对老师布置的学业有没有做到反复温习？曾参说日复一日的自我反省，使得他能及时弥补自我短处，发扬优点和长处，最终成为德行高尚、学识渊博之人。

所谓“知人者智，自知者明”。真正的聪明人必须具备自知之明，学会看清自我。那么何谓自知之明？孔子曾这样说：“知之为知之，不知为不知，是知也。”成功人士都是如何让自己具有自知之明的呢？这里又要说到自省的重要性。圣人们在行事前总要做这样的考虑：我的能力是否能胜任此事？这件事是不是我喜欢做的？做这件事我的弊端在何处？这样反复地质问自己，返观自我，便能找出自己的优点和缺点，最终找到答案，为接下来的实际行事打下坚实的基础。

有这么一个故事：

一天，一个年轻人在街角的小店里打电话。很奇怪的是，他先将一条手帕盖住话筒再打通电话：“您好，是李公馆吗？我想应聘贵地的厨师工作，我有一级厨师证明，且有在大酒店工作的丰富经验，相信我一定能胜任这份工作。”接听电话的人回答道：“先生，我想您弄错了吧。我家老板对我们现在的厨师赞赏有加，不但十分喜爱他做的食物，也非常欣赏这位厨师的为人。所以，您还是去别处找工作吧！”只见年轻人十分满足地放下电话。小店的老板见此情况，十分不理解地问：“年轻人，找工作失败了，为何还如此开心？”年轻人说道：“老人家，您不知道，其实我就是李公馆的厨师，我方才打那通电话，是为了自我反省，并借此了解老板是否满意我的工作。”

我们最大的敌人其实是我们自己，只有了解自己的人，才能战胜这个强大的敌人。了解自己则需要时刻地自我反省和自我审视，让反省成为智慧之树，深埋进我们的思维里，源源不断地为我们提供智慧。只有长时间做到自我反省，才能使自己进步。

对于自我反省，高尔基也曾说：“反省是一面莹澈的镜子，可以照见心灵上的污点。”这也是肯定反省给我们带来的积极作用。懂得反省自我的人，才能清楚地了解自己的优点与缺点，才能跳出从前狭窄范围的自我，重新审视自己，改善自己。如此，我们才能让自己强大完美，获得人生的成功。

—— 责己要厚，责人要薄 ——

是非之悬绝，所争毫厘耳。

——《静心录》

我们应该做到遇事自我反省就好，切记勿论人非。古人曾说："时时检点自己且不暇，岂有工夫检点他人。"圣人孔子也曾说："躬自厚而薄责于人。"

意思是：遇事多责备自己，少责备他人，在自我反省中改善自己的不足，弥补自己的短处。

人们常常陷入是非之地，为是非之事所累。这是因为，人人都有自己的是非，要想评论出其中的对错是不可能的，若是一意坚持自己的是非而去评论他人的是非，势必会让彼此都陷入困境。"勿论人非"也是古人想告诫我们处世为人的道理。

有这么一对有趣的爷孙俩。一天，爷爷带着孙子上街买了一头驴，当爷爷让孙子骑着驴回家时，路上的人们开始指责这位孙子不孝顺；当孙子让爷爷骑着行路时，旁人指责爷爷不疼爱孙子；爷孙俩这下犯了难，干脆两人都不骑了，却又招到他人的嘲笑说他俩放着驴不骑，简直就是一对傻爷孙；跟着，爷孙俩一块儿骑上这头驴，却又被批评说不爱护动物；最后，爷孙俩只好一块儿扛着这头驴回家。

爷孙俩最后的举动更是让人嘲讽不已。他们的每一次改变都是被“是非”所累。如果按照自己的方式来做事，理性分析他人的评论，就不会造成最后变宝为废，甚至沦为负担的结果。所以，那些经常在人后议论他人、搬弄是非的人是相当可恶的，这些人很有可能会毁掉他人和自己的一生。因为，常说他人坏话的人本身也会被他人看不起。

有时间议论他人是非的人必定少了很多时间来反省自我。所以，那些喜欢评论他人是非的人也必定是缺点多且从不正视自己之人。他们不花时间反躬自省，看不到自己的缺点，也就无从改正缺点，长此以往，他们的缺点会越来越多，距离人生的成功就会越来越远。而这一切，对于被他们议论的人来说是没有任何影响的，所谓“正己才能正人”，自己都看不清自己，又怎好去要求别人呢？

王阳明认为，世间的是与非相差仅在“毫厘”。既然对错仅在毫厘之间，那何不少谈论一些他人的是非，将更多的时间留给自己好好反省呢？

心灵，在自省后更加纯净明澈

学须反己。若徒责人，只见得人不是，不见自己非。若能反己，方见自己有许多未尽处，奚暇责人？

——《传习录》

王阳明认为，“人们应该学会自我反省。如果总是责备别人，老是看到他人的不对，便见不到自己的缺点。如果能时常反省自己，就能看到自己身上的很多不足之处，并加以改正，哪里还有时间去责备他人呢”？

不是人人都能从一开始就清楚地认识到自省带来的积极作用。实际上，当我们的心灵经过自省的洗礼，心里的杂念和纷扰就会如流水般流走。

一位颇有学识的老人，在每日清晨的第一缕阳光下，都会与自己年幼的孙子坐在一起读书。

一日，孙子问道：“爷爷，我每日像您一样地读书，虽然读了不少，但理解的却甚少。有时只能死记硬背，背下来也不知那些话的意义。您说，这样读书，会有收获吗？”

老人听后，笑了笑说："孩子，你先用这个装煤的篮子帮爷爷打一篮子水回来。"孩子听后，照做了，可当他打水回来，发现先前打的水都已经漏完了。孩子无辜地望着爷爷，不知所措。爷爷又笑了笑说："再去打一篮吧，这次记得跑快一点儿！"孩子听了话，又拿着竹篮去打水。

这次，孩子尽管加快了速度，也还是没能打到水。他有点泄气地对爷爷说："爷爷，用竹篮是打不到水的，你没听说过'竹篮打水一场空'的道理吗？我去换个水桶给您打水吧！"爷爷说："孩子，你最后再试一次，这次你尽全力往回跑，看看会有怎样的结果。"

孩子又一次照着爷爷的话做了，但篮子里的水还是漏光了。孩子有点生气地说："爷爷，您看，篮子里的水还是没有了，您这样根本就没用！"

爷爷又笑了笑回答道："你真的认为这一点儿用处都没有？孩子，你再仔细看看那篮子。"孩子盯着竹篮又仔细打量起来，突然，他眼睛一亮，说道："爷爷，这篮子比之前要干净很多了，上面的煤灰也没有了！"

"你终于找到奥妙之处了。用竹篮打水就好比你与我一块儿读书，尽管你读书的时候什么也没记住，但是书依然能洗涤你的内心，影响你的思想。"

自省的作用亦如读一本很难理解的好书，即使我们不能理解书中的一字一句，但它依然能在无形中影响你、教导你。因为一本好书能使我们的心灵得到洗涤，让它纯净清澈。

自省是洗涤心灵的一股清泉，是照亮心灵的一缕光芒，是为灵魂指路的灯塔，自省让我们抛弃浅薄、摒弃浮躁、丢掉自满……让人生从此充满光彩。

人们常常被一时的成功冲昏头脑。越是在沾沾自喜的时候，越要找个安静的空间好好的自我反省。太过陶醉于自己的成绩只会文过饰非，干扰自己的内心，掩盖自以为是的过失。

很多时候，只有身边的人提出了自己的短处，才会被自己知晓。这个时候，我们要做的就是虚心听取他人的建议，并且花时间自我分析、独自反省自己的问题。因为只有勇于面对自己的短处，并及时弥补，才能让自己成长。

忠言逆耳，但利于行。当他人严厉地指出你的不足之处和缺点时，那些不易被自己察觉的短处就会被心灵之光照亮。我们要做的不是去抱怨他人的苛刻，而是先从自己身上找问题。这一点，唐太宗李世民就是一个伟大的榜样。

李世民有一个十分敢于直言的宰相，名叫魏征，他像一面镜子一般毫不掩盖地照出唐太宗李世民的缺点。正是因为魏征的勇敢进谏，使得李世民完善治国之道，让国家空前繁荣。这个辉煌国家的成就，不仅得益于魏征的敢于直言，更应该归功于李世民的宽容大度。正是因为他强大的包容和及时的自我反省，让魏征的建议，哪怕是十分刺耳的意见都得以实现，才让国家发展起来。得到成长的不仅是一个国家，还有李世民自己，他一次次地听取建议，自我反省，最终成就了自己高尚的人格，受到万民爱戴。

自省并不是一个简单安逸的过程，就像我们用自己的手切掉身上的毒瘤一般痛苦。虽然如此痛苦，但却是根除病毒的唯一方法。知道和认识自己的短处并不难，难的是敢于面对和纠正。懂得自省，是大智；敢于自省，则是大勇。一个人只要光明磊落行事，心胸开阔做人，也就不怕自省带来的痛苦。王阳明的致良知之说“明心见性”也是这个道理。一切都存在于心中，只要有心自我反省，就是致良知。

孔子说：“君子之过也，如日月之食焉。过也，人皆见之；更也，人皆仰之。”意思是说，君子犯的错误，就像日食和月食。日食之后的太阳愈加灿烂，月食之后的月亮更加皎洁，而君子在改正错误后也会更加受人敬仰。

—— 反省需持之以恒 ——

悔悟是去病之药，然以改之为贵。若留滞于中，则又因药发病。

——《传习录》

反省是一个漫长的过程，需要持之以恒。自我反省之后必定会有悔悟之感，这时的悔悟是治病的“良药”，应及时吃下这副

“良药”才能痊愈，若是紧握在手里不吃下去，病依然无法治疗。这是王阳明对自我反省的看法，他认为，人们只有通过自我反省、自我体验、自我直觉这三个步骤才能取得人生的成功。

这里我们要讲一个智慧老人的故事。

很久很久以前，一座美丽的山里住着一对师徒。师父是现年已 80 岁的老头，他有一个很特别的嗜好，就是喜欢模仿徒弟。徒弟做什么，他也做什么。徒弟读书，他也读书；徒弟砍柴烧火，他也砍柴烧火；徒弟跑到别处去玩，他也跟在徒弟左右一起去玩……

时间长了，徒弟很困惑地问：“师父，您为何每日都要模仿我呢？您已高龄，应该做您这个年纪应该做的事呀！”

师父呵呵地笑了，说道：“虽说我现在已经 80 岁了，但我模仿你做的一切事情，便又能体验年轻的生活，这不是很好吗？再说了，我在你这个年纪的时候，一定也做过很多荒谬和错误的事情，年轻的时候没有对错的标准，但现在不一样了，经过我多年的自省，早已明白事情的对错。那么，我在模仿你的时候便不会经历你的错误，还能时刻提醒你，这也算是为师之道了吧！徒儿啊，我还想告诉你的是，常常回顾过去，并从过去的失败和挫折中吸取经验和教训，做到每日自省和改正错误，你就会少走很多弯路和错路。”

故事中师父的行为看似可笑荒诞，实则充满哲理。正如《菜根谭》里所说的：“为人修身，应该时时自省”。这位师父用实际行动教导徒弟做人做事应时刻做到自我反省。如果我们不知反省，任何事都依靠感觉行事，那么就会像摘香蕉的猴子，摘一个丢一个，最终手里还是只有一根香蕉而已。

自我反省是一个提高自己的过程，它让我们在以前的水平上提升自我，超越自我，让我们的人生达到另一个高度。

—— 自我反省，不执迷于细节 ——

吾子未暇良知之致，而汲汲焉顾是之忧，此正求其难于明白者以为学之蔽也。

——《传习录》

王阳明认为，如果一个人无暇保存自己的良知，而是把时间花在一些细节的问题上，这就是把那些难以理解的知识设置成自己做学问的挡路牌。其实，王阳明想要告诫我们的是：我们在自我反省时，一定不要拘泥于事物的细节，应该看到全局，着重下手。

“细微之处见端倪。”这是很多人为人处世的座右铭。一个人在做事时，细节处理得是否完美很大程度上反映了这个人的处世原则，很容易被旁人认识和了解。追求细节等于追求完美，对一个人的前途的确有很大的帮助。

但是，过分追求细节而不顾大局，则会阻碍我们的成功。我们所知道的古时候的圣人在行事时，都是重全局而轻细节的，因为他们很清楚，执迷于细节不仅会浪费纵观全局的时间，还会带来一些不必要的苦恼。

野马都十分厌恶和惧怕草原上的吸血蝙蝠。吸血蝙蝠身小体轻，专门靠吸食其他动物的血液为生，而野马的血就是它们最佳的食物。在猎食时，吸血蝙蝠常常依附在野马的腿上，锋利的牙齿瞬间咬入马腿，并立即吸食其血液。这时，无论野马如何狂奔乱跳，都无法让蝙蝠离开。当蝙蝠吃饱喝足后，野马便会应声倒下。

想必大家会很疑惑，一只小小的蝙蝠怎么能让一头强壮的野马丧生？动物专家们曾对这一现象做过实验。他们通过观察野马死亡的整个过程，发现吸血蝙蝠对野马的生命造成的危害是微不足道的，野马真正的死亡原因是其暴躁的性格造成的。

因为，当蝙蝠吸食野马血液的时候，有些许疼痛感，野马错以为蝙蝠会吸干它的血而变得十分暴躁不安。它们的狂奔乱跳其实是想立刻摆脱蝙蝠，然而，正是因为野马的胡乱跳跃，造成了其血液的大量流失，最终导致死亡。假如野马能很理性地面对或者根本不注意这点疼痛，它们便不会感到不安而狂奔乱跳，也就不会丧命。所以，当我们人类遭遇不好的事时，也应该理性面对，不为小事抓狂。

曾国藩曾在给弟弟的信中说：“弟论兵事，宜从大处分清界限，不宜从小处剖析微茫。”为了实现更大的目标，我们应该适当地忽略一些小事，让更多的精力去处理更关键的问题。成大事的人，做事时都有一个特性，即着眼大局。反之，那些成不了大器的人往往很在意细节而不顾大局。曾国藩还认为，每个人都会犯错，没有哪个人是完美的，但只要整体的发展方向是好的就行。这些不执迷于细节问题的言论和看法是曾国藩经过多年的自省后，方才知晓并理解的。

但是，我们在行事时也不能完全不注重细节。这是一个度的问题，注重细节能让我们更好地完善自己，但过于执迷细节而不顾全大局的话，只会因小失大，阻碍成功。就像王阳明所说：“用功到精处，愈着不得言语，说理愈难。若着意在精微上，全体功夫反蔽泥了。”意思是说：做学问做到了十分精妙的地方，越是无法用言语表达，说理就越难；倘若一直执着于精妙之处，那么全部的功夫就容易被遮蔽住，这样的刨根问底反而会成为成功路上的阻碍。

自省可以让人成长

见贤思齐焉，见不贤而内自省，则不至于责人已甚，而自治严矣。

——《悟真录》

王阳明十分赞同孔子所说的“见贤思齐焉，见不贤而内自省。”意思是：见到比自己优秀的人就要努力奋进，与其齐头并进；见到比自己差的人，应该反思自己是否也有同样的坏习惯。这样做才不至于待人苛刻、待己宽容。想要取得成功的人，往往都是严于律己、宽容待人，从自我反省中去发现错误并加以改正，从而完善自己，为成功打好基础。

我国初唐著名诗人陈子昂，幼年随父来到京城。父母的溺爱使陈子昂养成了游手好闲的坏毛病，整日都在四处游玩，甚至沉溺于赌博之中。无论父母怎样相劝和教导，陈子昂都改不了这些坏习惯。

正在大家为了他的前途而焦头烂额时，发生了这样一件事：

一日，陈子昂像平常一样在外玩耍。碰巧经过一家书塾，又碰巧听到先生说了这样一段话："人生在世，一个人的品德决定了世人对他的看法。品德好的人，会受到大多数人的赞誉；品德败坏之人，会被他人诟骂。若是一个不学无术、整日放任自流且举止傲慢之人，也无法得到旁人的认可。想要成为世人尊敬的君子，就得先武装自己，让自己博学多才，且用所学之理来反省自己，不断地完善自己。我们常常会对那些成功之人羡慕不已，而他们为成功所付出的巨大努力却是我们不曾留意过的。我们应该知道，不经过自身努力就想变得博学多才，就如同缘木求鱼一样幼稚得可笑。"

正是因为无意中听见这段话，使得陈子昂如梦初醒，内心受到很大的触动。那天，他默默地回到家中自我反省，想到自己浪费的大好时光，心里追悔不已。

反思后的陈子昂为自己打造了不同以往的生活——整日与书本为伴，刻苦学习，修炼品行，最终成为一名伟大的诗人。

陈子昂的励志故事告诉我们，反思是取得成功的必经之路，只有通过不断地自我反省和思考，才能清理内心的污垢，抛弃身上不好的习性，吸取教训，总结经验，以致实现自我完善，获得成功。

自省是一面莹澈的镜子，它可以照清心灵上的污迹，继而照亮前进的路途。工作中，有很多人经常怨天尤人，就是不在自身上面找原因。一个人失败的原因是多方面的，只有从多方面入手寻找，并有针对性地进行自省，才能起到纠错的作用。所以，我们只有做到了不断地自我反省，才能完善我们的不足，使我们不断提高；通过自省，我们还能看到自己的长处，并将优势发扬光大。这两者的相辅相成，便会将我们引领到成功之路，取得相应的成就。

我们的时间和精力都是有限的，所以我们应该好好把握，将其充分利用在自己最喜欢做的事上，将其做到完美。这样持之以恒，才能实现自己的成功。这就是王阳明所说的，人人都可以是圣人，只要你愿意付出努力，只要你敢于面对过错，只要你勇于自我反省并改正，成功就将离你不远。

第六章

上善若水，处下不争

——听王阳明讲谦卑之心

克制傲慢，祛除人生病垢

为子而傲必不孝，为臣而傲必不忠，为父而傲必不慈，为友而傲必不信。故象与丹朱俱不肖，亦只一傲字，便结果了此生。诸君常要体此，人心本是天然之理，精精明明，无纤介染着，只是一无我而已。胸中切不可有，有即傲也。古先圣人许多好处，也只是无我而已。无我自能谦，谦者众善之基，傲者众恶之魁。

——《传习录》

先生的意思是说：傲慢，不是件好事，是人生的一种病垢。傲慢带来的后果是：子女不孝，臣子不忠，父母不善，朋友不诚。所以，尧的儿子丹朱和舜的弟弟象品行都不好，并因为傲慢误了自己一生，大家应该不时地想想这个故事。“人之初，性本善。”心是最自然的，纯洁透明，不受任何污染，只是不懂“自我”而已。人的心里要无私，不要把自己看得太重，否则就是傲慢了。古时候很多人因为把自己看得很轻，而成了圣人。达到忘我的境界，就会懂得谦卑，懂得谦卑就会对人充满善意，而傲慢，则是一切不良行为的始作俑者。

“如有周公之才之美，使骄且吝，其余不足观也已。”这是孔子对傲慢的批判。意思是说：如果一个君主自高自大又吝啬小气，那么无论他多有才华，即使和周公一样，也不值一提。“九牛一毫莫自夸，骄傲自满必翻车。历览古今多少事，成由谦逊败由奢。”意思就是说：人，不能取得一点小小的成就就自以为是，过于高估自己将会给自己带来灾难。翻看历史，那些成功的人都很谦逊，而那些失败的人都是桀骜不驯的。有句话说得好：“天外有天，人外有人”，你知道的别人未必就不知道，只是别人心照不宣罢了；你做的那些事，别人也会，但是别人觉得只是小事一桩。

有时，人们会因为一点小小的成绩就以为了不起了，认为没人比得过自己，随之忘乎所以。以为全世界只有自己才能做到，也只有自己才想到。于是，“傲慢病”让人蒙蔽了双眼，失去了理性的判断，影响到生活、事业，最后连性命都逃不出“傲慢”的危害。

英国著名小说《傲慢与偏见》中的男主角达西就是因为傲慢而陷入悲情的人生。

达西是现代人眼中的“富二代”，出身名门，钱权兼备，很多女孩都向他投去了爱慕的眼光。每当他参加舞会，姑娘们都希望能做他的舞伴。但达西是个非常高傲的人，他看不上这些“庸脂俗粉”，这其中也包括女主角伊丽莎白。达西曾对好友宾利说：“她（伊丽莎白）长得可以‘容忍’，但还不能吸引我。”这个傲慢狂徒，让伊丽莎白自尊心受损，于是伊丽莎白发誓不再理会他。

谁也没想到，没过多久，伊丽莎白那活泼开朗的性格感染了达西，不知不觉中，达西爱上了伊丽莎白。可达西仍然傲慢无比，他以为自己做任何事都不会失败。于是，在第一次向伊丽莎白求婚时，仍然是一副高高在上的样子，这种无聊至极、毫无礼貌的行为让伊丽莎白很是反感，拒绝了达西。一次失败的求婚让达西苦恼，他慢慢才发现因为自己的傲慢，幸福与他擦肩而过。后来，他努力地改正自己的缺点，把他放在一个与他人平等的位置，不再目中无人，伊丽莎白才消除了对他的偏见，和他携手人生。

俄国心理学家巴甫洛夫曾说："不要让骄傲支配了你们。由于骄傲，你们会在该同意的时候固执起来；由于骄傲，你们会拒绝有益的劝告和友好的帮助；由于骄傲，你们会失掉客观的标准。"正是如此，傲慢让达西无法获得伊丽莎白的认同，而只有当他学会尊重他人、放低姿态后，一切才画上完美的句号。

大多数傲慢的人太过自信，甚至有些狂妄。在他们眼中，自己只有优点，没有缺点，自己所做、所想的都是正确的，而且这类人爱把自己的优点跟人家的缺点比较，所以越发自我感觉良好，别人什么都不如自己。苏格拉底曾说："骄傲是无知的产物。"我国历史学家邓拓也曾说："越是没有本领的就越加自命不凡。"这些傲慢之人却不以为然。

王阳明劝诫世人要谦虚、谨慎，否则人生路上将遭遇更多的苦恼。古时候，尧、舜、禹、孔子等都是温良恭俭让、谦虚自省的典范。王阳明认为人生最大的美德就是谦虚自省，而王阳明自己也做到了这一点。他明明为朝廷立下汗马功劳，但是却拒绝加封，他遭人诽谤却从不辩驳，当他的学生们都为他高尚的品德称颂时，他则认为，“天外有天，人外有人”比自己做得好的人多了去了。

孔子曾说：“聪明圣知，守之以愚；功被天下，守之以让；勇力抚世，守之以怯；富有四海，守之以谦。此所谓挹而损之之道也。”意思是说，一个人，聪明有智慧又安之于愚，有所成就又谦让自持，拥有让世界震撼的勇气却能守之以怯懦，家财万贯但能谦逊自守，这就是克制自己骄傲自满的方法。一个人真的能戒骄戒躁、谦卑恭顺地为人处世，那么这个人不获得成功也难。

不争，人生至境

君子求退勿迟。

——《官诫经》

好强的人总是跃跃欲试；随和的人总是淡然处之。好强者和随和者，持争与不争两种截然不同的处世态度。“水德”是对不争最好的赞美。水是自然形成的基础，也是万事万物存在必需的条件，水滋养了万物，但却不从万物那里得到什么对自己有利的东西。“以其不争，故天下莫能与之争”说的就是这种大公无私的境界。

正是因为王阳明懂得“夫唯不争，故天下莫能与之争”的道理，他才能在中国哲学思想上取得非凡的成绩。王阳明从小就胸怀大志，坚持对真理的探索。但是，又因为正直、坚韧的性格招来祸殃。从此，王阳明的人生发生了翻天覆地的变化。他弃官从文，把精力投入到研究儒家、佛家、道家思想中。这时的他“不争”了，但这并不意味着放弃一切，而是以不争今日之利争万世，不争当前之利争天下。所以说，王阳明的“不争”，是一种大智若愚的行为。因为内心的平和，他能感悟到人生许多的道理，在中国的哲学思想上取得显赫的成绩。

不争便无忧，利人而得人，利物而得物，利天下而得天下。处处为他人着想的人，拥有“水德”，滋养万物而无所求、无所争，但恰好是此时“不争”胜有“争”。做人做事都一样，不争才是最高的境界。

楚汉对峙时期，张良、萧何和韩信是刘邦夺取天下的得力助手，但无奈楚军强大，刘邦最终还是败给了项羽。公元前 205 年，刘邦的队伍已经弹尽粮绝，于是不得不退守荥阳，做暂时的休整。丞相萧何在得知刘邦兵败的消息后，在关中地区大量征兵，然后送到荥阳。此时的韩信已经打败了东边的齐国，但得知刘邦兵败的消息后，他不但不来增援，反而向刘邦提出更无礼的要求——同意他自立为“假齐王”。刘邦大怒，想要立刻派兵去攻打韩信。关键时刻，谋士张良提醒刘邦，现在情况十分危急，先要稳住韩信，如了他的愿，以防遭遇更大的不测。于是，刘邦急中生智，改口骂道："大夫韩信南征北战，驰骋沙场，与本王出生入死，所以他要做就做个真王，哪有做假王之理！"然后，立马写下印信，派张良前往齐国，封韩信为齐王。接受封王的韩信终于如愿以偿，于是立刻带兵赶到荥阳。因此，汉军兵力大增，战士们必胜的势气也恢复了。

上文中刘邦因为张良的一句话，领悟到了"不争"的智慧，断了韩信的非分之想，由此补充了汉军的兵力，稳定了局势。后来，在韩信的帮助下，刘邦一夺天下，最后"天下莫能与之争"，终成千古一帝。所以，不争不是不努力、无所作为，不是让人要断了所有的欲念，而是要审时度势，顺应自然，着眼于大局，不因眼前的蝇头小利而乱了阵脚，这样才能走到最后，成为真正的赢家。

名利场上危机四伏，变化无常，为避免忧患，要时刻保持"不争"的心态。与人无争，与世无争，看上去似乎是消极，不敢面对现实，但事实并非如此，适时地"无争"，是一种以退为守的释然，也是一种高瞻远瞩的智慧。"与人无争"的本质是智慧的"退"，而"无人能与之争"的本质则是聪明的"进"。

因此，在日常生活中，我们也应效法天道，贡献我们的智慧，不辞劳苦，不在乎名利，不计较得失，传承"水德"，只问耕耘，不问收获。如果能做到这些，那么就能到达"为而不争，天下莫能与之争"的精神境界。

善于低头，拥有成熟的智慧

士傲命蹇焉。

——《官诫经》

春秋战国时期，越国第一位君主——勾践，卧薪尝胆报仇复国的精神是最具代表的越人气性。王阳明先生就是越人，在先生所写文章的后面，常见落款“古越阳明子”“阳明山人”“余姚王阳明”等，不难发觉，先生因生为越人而自豪。王阳明从小受古越民风影响，深知“卧薪尝胆”的精神。但王阳明也曾年少猖狂，当时王阳明还小，他去居庸三关了解古代征战的一些情况，想了一些保卫领土的方法，回家之后，他还想上疏朝廷谏言，他的这种狂妄想法受到了父亲的痛斥。虽然受到了父亲的批评，但王阳明并没有因此放弃自己的追求，反而常常出游，“考察”居庸三关，走访乡野村民，了解北方少数民族的生活习俗，然后，借此知晓各民族的攻守防御之策，为支撑其“平安策”寻找到最有利的依据。几年后，王阳明写下了彰显他军事才能的、关于边防军队改革的奏疏。

在很多时候，低头比昂首怒目更有威严。俗话说：“小不忍则乱大谋”，暂时的低头并没有坏处，为了梦想，忍辱负重有何不可。诚如梁漱溟曾说，儒家虽然提倡温良恭俭让，但实质宣扬的却是一种积极进取的精神。这和“不争”一样，是“以退为进，以柔克刚”的处世态度；和韬光养晦一样，是一种积极进取的精神。

俗话说“低头的是稻穗，昂头的是稗子；低头的稻穗充满了成熟的智慧，而昂头的稗子只是招摇着空白的无知”。哲学家苏格拉底也曾说：“天地只有三尺，高于三尺的人要想长久立于天地之间，就要懂得低头。”低头是一种智慧。

西安秦始皇陵兵马俑博物馆的“镇馆之宝”是一尊跪射俑。在众多出土的精品兵马俑中，唯独这尊跪射俑被誉为“镇馆之宝”，这其中不无道理。

据了解，在兵马俑博物馆内的一千多尊各式兵马俑中，只有这尊跪射俑保存得最为完整，从出土、清理到入馆都没有受到任何的损害，而且这尊跪射俑身上的衣纹、发丝都非常完好地保存下来。

你知道，这尊跪射俑为何能保存得完好无缺吗？经过专家分析，这完全得益于这尊俑的“低姿态”。因为，秦始皇陵兵马俑坑是地下通道式的土木结构，如果遇见大的震动，棚顶就会塌陷、土木俱下，那些高大的站立着的兵马俑将最先遭到冲击，这样一来，低姿的跪射俑才会受到较小的损害。此外，呈蹲跪姿的跪射俑，它的上体是由右膝盖、右脚、左手呈等腰三角形的三个支点支撑，重心在下，使其更加稳固。而那些两足站立的兵马俑，就更容易倾倒和破坏。所以，经历了两千多年的“考验”，跪射姿的兵马俑依然完好，“镇馆之宝”当然非它莫属。

翻阅历史，我们所熟知的那些大人物，是否都具备了适时低头、懂得忍让、谦卑恭让的品质呢？比如，西汉的韩信，因受屠夫“胯下之辱”，而潜心学习兵法，修炼武艺，最终得到刘邦的重用。又好比三国时期的刘备，他也是一位懂得低头的君王。从三顾茅庐到孙刘联合，一路走来，他无数次的低头终于换来了“三足鼎立”的辉煌时期。

我们生活在一个复杂的社会，只有懂得低头，才能在漫长的人生中安身立命。就像当你陷入泥潭时，第一反应是迅速地爬起来，然后远离泥潭；而不是对着泥潭说：“让我沦陷吧，我的精神不死。”

低头是一种取得长远利益的策略。一个人为了取得更大成功，面对暂时的困厄，不得不低头，通过忍耐甚至放弃尊严来保全自己。它需要很大的勇气，所以我们应当用平和的心态，像跪射俑那样，保持低姿态，这样就可以避开意外的伤害和无谓的纷争，就能更好地保全自己，取得更高的成就。

老子曾说：“再坚硬的牙齿也有脱落的一天，但柔软的舌头却保存完好。”强硬，并不一定就是最好的。人生的智慧就在于：以柔克刚，以退为进。

坐而论道，作而行之

众望莫负。

——《官诫经》

“不在其位，不谋其政”有四种解释，即“在其位，谋其政”“在其位，不谋其政”“不在其位，谋其政”“不在其位，不谋其政”。其中“在其位，谋其政”，实际上是与“不在其位，不谋其政”相对应的，表面虽然相反但内涵却一致。

王阳明自始至终都身体力行地实践着“在其位，谋其政”。于下，他不知艰辛地为老百姓办事；于上，为朝廷又鞠躬尽瘁死而后已。当年，王阳明任左佥都御史时，他巡察经过江西南安、赣州，福建汀州、漳州等地时，遭遇当地起义农民拦阻。无论怎样劝说，起义农民都无动于衷。于是，王阳明决定集结商船，准备迎战。这时，起义农民的态度立马变了，纷纷跪拜在岸边，说自己是灾民，请求救济。于是，王阳明宣布停战，开船到赣州，救济灾民。

在王阳明为官期间，他对百姓大行“亲民”之道，民间自然觉得朝廷“明德”。所以，经他管理的地区都兴旺发达，百姓安居乐业。后来，他不做官了，又去四川讲授学问，收纳门徒，创立“心学”，以此教化民众。

对于领导而言，“在其位，善谋其政”就是利用领导所享有的权力，指挥他人为一个目标而付出。孟子曾说的“不能者”与“不为者”，就是指一个领导手中有权力，但是并没有发挥相应的能力，是权力与能力相矛盾。

有一次，齐宣王问孟子：“不为者与不能者之形，何以异？”即两者之间有什么差异？孟子答曰：“挟泰山以超北海，语人曰‘我不能’，是诚不能也，为长者折枝，语人曰‘我不能’，是不为也，非不能也。”这句话的意思是：若让人背着泰山越过北海，他回答不能，那是真的不能，但是，若让他对长者鞠躬，他回答不能，那就是有能力而不去做。孟子这么说的用意是提醒齐宣王，你有施行仁政的权力和能力，没有做不做得到一说，关键是看你想不想做而已。因为你是一国之君，就应该充分发挥手中的权力，把该做的都做好，真正实现利国利民。

清朝大臣纪晓岚的《阅微草堂笔记》里讲述了这样一个故事：一个当官的人死了之后，见到阎王爷自称清廉，从来不拿百姓一针一线。岂料，阎王爷却怒声训斥道：“不拿钱财就是好官，那拿个木偶来做官，啥都不会要，不是比你清廉？”那个官员辩解道：“虽然我没什么丰功伟绩，但也没违法犯罪啊。”阎王爷更加气愤道：“你这一生都在求自保，于国于民，你都毫无作为，你当官干什么？在你的职位上没有发挥相应的作用，这就是一种罪。”

从这个故事中我们看到了古代无为官吏的形象。而这种形象若是放在今天，那就是“一杯茶、一支烟、一张报纸又是一天”。做事情不积极，纪律松散、政令不畅，虽然清正廉明却毫无作为。这就对应了“在其位而不谋其政”，不能切实地为群众所想、为国家分忧。这样的领导是不会有什么大的发展。

古语云：“坐而论道，谓之王公；作而行之，谓之士大夫。”为官者要各司其职，各尽其能。无论是明君、清官，县长、局长，或者是企业的领导，既然人们赋予了你们职责，给了你一个施展抱负的位子，那么就应该脚踏实地地做出一番成就，无愧于心。

以身作则，正人先正己

舜只是自进于义，以义薰蒸，不去正他奸恶。

——《传习录》

正德初年，王阳明因得罪权贵，被皇帝下旨贬到贵州龙场。一到任，一个当地的强盗头目就被逮捕归案。这个强盗头目杀人放火，打家劫舍，罪大恶极。在受审的时候，一副无所畏惧的样子。强盗自知自己罪大恶极，活罪难免，死罪难逃，所以十分狂傲。但这并没有激怒王阳明，王阳明反而和气地告诉他不用审判了，还说天气太热，强盗可以把外套脱了。强盗虽然心高气傲，但想到松松绑也挺好的，就把外套脱了。接着，王阳明又说还热的话也可以把内衣脱了。于是，强盗又把内衣脱了。这时，王阳明又说，实在还热的话，可以把内裤也脱了，强盗一听急了，忙说“不方便”。王阳明见此状，就说这个强盗还是懂礼义廉耻的，并非丧尽天良、一无是处。强盗见王阳明对自己的评价如此，便坦白了自己的罪恶行径。

从感化他人、德化良知的角度来解决问题是王阳明所擅长的。在他看来，德化良知能得人心，真正做到“其身正，不令则行”。因为注重德化所以提倡“致良知”“知行合一”。他不仅四处推广，还广泛地招收学生，试图把“心学”发扬光大。在他所到之处，都积极地办教育，修建学校，教百姓识字，把国家的方针政策传达，让民众有法律意识。在王阳明看来，舜用安抚的手段感化对象，不直接纠正他人的奸恶，是一种值得学习的方式，所以也希望通过教育和德化教化百姓。

俗话说：“上梁不正，下梁歪。”意识是说，做父亲的如果不约束自己，做出不好的行为，给孩子树立起不好的榜样，孩子就会效仿，成为和父亲一样的人。

“其身正，不令而行；其身不正，虽令不从。”出自《论语·子路》。意思是说：如果管理者能约束好自己的行为，不用下命令，被管理者都会自觉地行动起来；反之，如果管理者不能约束自己只要求他人，那么就算三令五申，也不会被信服。这段话意在指明“上行下效是一种风气”的道理。

作为领导者，若要赢得人心，应当以身作则。就是所谓的“上梁正，下梁不歪”。三国时期的曹操曾被人称为“治国之能臣，乱世之奸雄”。对他的评价古今褒贬不一，但因为他懂得以身作则，所以他在治国、治军方面深得人心，正所谓正人先正己。

有一年夏天，曹操管辖的某地很多小麦成熟了，却没人收割。这是怎么回事呢？原来，是因为当地百姓知道曹操要带兵去打仗，要经过自己的村庄，都很害怕，躲到了村外，所以小麦无人收割。曹操知道后，立即派人到各地告诉百姓和官吏，他此行出兵讨伐逆贼，为的就是让黎明百姓能安居乐业。在这个收获的季节，如果发现有士兵践踏麦田，立即问斩，以儆效尤。

当时，百姓根本不相信，就悄悄地藏在暗处观察。果然，没有人敢践踏麦田。官兵经过麦田时，都会一手牵着自己的马，一手扶着麦秆，小心翼翼地走过。百姓这才踏实了，对曹操称赞不已。

谁也没想到，就在曹操牵马经过时，不知从哪儿飞来一只鸟，曹操的马受到惊吓，嘶鸣一声后蹿入了麦地，一片麦田被踩踏了。君子一言，驷马难追。曹操要求随行官员给自己治罪。官员手足无措，不知如何是好。曹操说：“这个规矩是我定的，我都不遵守的话，怎样让他人遵守？言而无信的人，谁会愿意追随呢？”说完便抽出腰间的佩剑要自刎，大家立马上前拦阻。此时，大臣郭嘉来到曹操面前说：“《春秋》有曰‘法不加于尊’。身为一军统领，你重任在身，怎么能以自杀了事呢？”

曹操思考了一番后说：“我现在有重任在身，而且有‘法不加于尊’的说法，那我就暂且不死吧。但是，事实上，我确实有罪，应该受罚。”说完，他举剑割掉一缕头发说：“就让这束头发代替我的头吧。”然后，曹操又传令三军：“丞相践踏麦田，本该斩首示众，只因身负重任，所以断发明志”。

“身体发肤，受之父母。”曹操愿意断发明志，是因为他知道军纪严明，大家要一视同仁。所谓“上梁不正，下梁歪”，要让士兵们遵守纪律，自己必须要带好头。曹操断发明志，士兵们有所震撼：“丞相既然如此，我等必须从之。”

要让人家信服，首先就得从自己做起。作为领导，要起到带头的作用，否则，下属对你只会“口服心不服”。美国前副总统林伯特·汉弗莱曾说过：“一个人的进步，怎能比让更多人一起进步快乐呢，大家可以尝试下。”这句话的意思就是：领导是一个群体的领头羊，他需要时刻规范自己的言行，因为他将是被人模仿的对象。只有以身作则，才能让团队有凝聚力，让下属“心服口服”。

—— 位高不自居，功高不自傲 ——

人生大病，只是一傲字。

——《传习录》

从正德十一年（1516年）至嘉靖七年（1528年）王阳明病故，十二年时间，王阳明经历了大小战役共六次，他一次也没有失败过。这是因为他深知“位高不自居，功高不自傲”的道理。

古代，对于那些打了胜仗的功臣，皇帝都会提拔升职，再赐予金银珠宝。但是王阳明根本不在乎权贵，也不注重名利。他这一生加官晋爵七次，其中五次都是征战有功，但这五次他都申请辞官，最后也都因为皇帝的挽留，他才勉强继续为朝廷办事。在王阳明看来，骄傲是人生的大敌。骄傲的子女，就不会孝顺父母；骄傲的臣子，就不会忠于君主。一个骄傲的人，心中只有自己，是一种自私的表现。如果能做到忘我，那么人就会谦虚谨慎，更容易进步。在王阳明眼中，骄傲是人类所有恶劣品质之最。

从不好大喜功的王阳明最常做的事就是出巡，视察民情，体察民生。他深知自己为官不是为贪图享乐，而是为老百姓服务，实现他心中救国救民的抱负。

其实像王阳明一样能做到“官高不自居，功高不自傲，高调做事，低调做人”，是比较困难的，一个人没有较高的修为是无法做到的。怎样做人、怎样做事实际是一门高深的学问。真正有智慧的人，在取得成就时都很谦卑，从来都是在默默无声、兢兢业业的奋斗中干出一番成绩。明朝的开国功臣徐达就是个很好的例子。

徐达，濠州人，出身于一个农民家庭，儿时与朱元璋关系很好。他聪明能干，有勇有谋，为朱元璋打江山立下汗马功劳，于是深得朱元璋的宠爱。

但是，徐达从不因为自己的得宠而自傲。每一年的春天，他都挂帅出征，到了冬天，他就回来。回来后，他会把将帅印还给朝廷，自己回到乡下过俭朴的生活。

朱元璋也曾对他说：“徐兄为江山社稷立下汗马功劳，却从未享受过朝廷的优待，我把我的旧宅邸赐予你，你就享受下生活吧。”

朱元璋所说的旧宅邸，是他当皇帝前做吴王时住的府邸，但是被徐达拒绝了。于是，朱元璋用计把徐达请到旧府邸吃饭，然后把徐达灌醉。等徐达半夜酒醒过来，才知自己身处“旧邸”。

徐达在惊吓中跳下床，跪在地上自呼“罪该万死”。朱元璋知道后，为这样谦恭的臣子感到高兴，于是让人在自己的旧邸前修建了一所新宅第，并立了一块上面有亲书“大功”二字的牌坊。

后来，朱元璋赐给了徐达一块沙洲，由于沙洲关系到农民的灌溉，徐达的手下借此发财。徐达知道后，二话不说就将此地还给了皇上。

朱元璋为了巩固自己的统治，称帝后牺牲了不少的朝廷重臣。徐达从小与朱元璋在一起，他深知“伴君如伴虎”的道理。因此，无论自己取得多大的成就，都不功高自居，最终平平安安地度过了余生。

没有人会喜欢骄傲的人，无论这个人有多么优秀，创造出多么伟大的功绩。谦虚才是人们所欣赏的品质，因为谦虚的人才会懂得站在他人的角度思考问题，人们喜欢的就是这种被尊重、被重视的感觉。

王阳明曾说，高傲是一种可怜的自以为是，而谦虚才是一种竞争的优势，那些有真才实学的人，都是大智若愚、谦卑恭让的。所以当大家在取得成绩的时候，要时刻提醒自己，自己所做的一切都是应该的，我会做的，人家也会做。只有在做出成绩的同时，又懂得谦卑礼让，才会得到大家的肯定。

—— 不露锋芒，方得安身 ——

古先圣人许多好处，也只是无我而已。无我自能谦，谦者众善之基，傲者从恶之魁。

——《传习录》

当一个人名声很好时，不要自己一个人享有，分一些给他人，可以使自己远离祸害。当名誉受损的时候，不要推卸责任，要勇敢地主动承担，可以帮助自己“韬光养德”。这句话的演变就是来自于《菜根谭》中的：“完美名节，不宜独任，分些与人，可以远害其身；辱行污名，不宜全推，引些归己，可以韬光养德。”

人的一生，总是祸福相依。面对功劳和祸害要懂得礼让和承担。当初，王阳明为朝廷平定了四处作乱的匪寇后，毫不吝啬地把所取得的成绩归功于欣赏他、为他做好辅助工作的兵部尚书王琼。王阳明讲究德化、气节，权贵与他毫无意义，从不功高自居的他，其礼让功劳就足以让人拍手称道。

曾国藩曾把礼让功劳运用得游刃有余。他知道名和利不是自己可以独自享有的。名和利是获得他人认可的最好资本。因此，每当他立下功劳，获得封赏的时候，他都会推功于人。他还常说，有好的事要懂得与别人分享。

有一次，曾国荃攻打金陵久攻不下，因为想着立功论赏，所以拒绝了李鸿章的援军，曾国藩觉得不妥，就写信给他：老弟，近日来病情有好转吗？你派人送给纪泽、纪鸿俩儿的信，我于十一日收到。从清晰有力的字迹，流畅光泽的行文，又很稳重，也不显得仓促，所以，我推测荃弟应该很快就会恢复健康的，心里也踏实了很多。但是，久攻金陵城不下，我担心荃弟身体吃不消，肝病变本加厉。昌岐和我谈过，所以我也知道李鸿章有和荃弟你相互帮助、相互扶持的意思。这也算是好事。依我的意思，荃弟可以先上奏朝廷，请求准许李鸿章带领开花炮队、洋枪队援助自己攻下金陵城。我可以等到弟回我信时，带你向朝廷表明心意，然后，再通知李鸿章立即带兵来金陵助你一臂之力。

曾国藩通过这样一封信，委婉地向曾国荃表达了自己的意思，希望他能接受李鸿章的援助，为国家共同立功。但是李鸿章早就知道曾国荃想自己一条道走到底，不愿与他人共同作战，而李鸿章自己也不想借此揽功，于是就上报朝廷，说曾氏兄弟有真才实学，有实力也有能力攻克金陵，自己还有别的事要处理，可以派自己的弟弟前去帮助曾氏兄弟攻打金陵。

不久金陵被攻克，这时李鸿章前去曾家道贺，曾国藩带曾国荃在门前恭迎，说：“今天我们曾家兄弟能取得这样的成绩，多谢李大人成全啊！”李鸿章说：“哪里，哪里，都是你们自己努力的成果。”在曾国藩看来，之所以能取得成功，不是任何一个人的功劳，而是朝廷的明智指挥和各位朝中大臣鼎力相助的结果。而曾家兄弟不过是遇到了好的时机，得享其名，实在是侥幸，所以从不跟人炫耀自己立下的功劳。

曾国藩为此还上书朝廷，要把战功归于朝廷的英明和各位将领的英勇善战，只字不提自己兄弟的功劳。谈到收复安庆的时候，他也是把战功归于有勇有谋的胡林翼、多隆阿。而每次打完胜仗，曾国藩都会把赏银分给部下，把功劳归于他人并向朝廷举荐，如此一来，曾国藩既获得了人心，鼓舞士兵们的士气，也让朝廷对他格外信任放心。

普天之下，熙熙攘攘皆为名利。那些在战场上卖命的人，难道不是利益所驱吗？俗话说“得人心者得天下”，一个领导者，必须要懂得“分享”，不把功劳都揽在自己身上，才能够得到他人的支持，使自己的地位得到巩固。曾国藩作为一个“有福同享，有难同当”的领导者，他的气魄使得手下将士由衷佩服，他们愿意跟着这样一位首领征战沙场。

在中国的历史上有一位大将，他的性情与曾国藩截然相反，他就是项羽。项羽有谋有略，能称霸一方，却在楚汉争霸中输给刘邦。这和他的性格有莫大的关系。韩信就曾说，项王心地善良，待人很好，性情温柔，如有别人生病了，他会心痛得流泪，然后把自己的食物分给他，但是如果有人立功，本该立刻加官晋爵时，他却迟迟不肯下令，把大印玩得失去了棱角，都还舍不得给人，这不是妇人之仁是什么？他从来就不会为在战场浴血奋战的将士考虑，当人家的付出没有得到回报时，人家会再信任他吗？所以，项羽的失败是注定的，因为失去军心。对于每个人而言，任何一件事情的成功，都不是只靠自己的能力就可以达到的，在这之中，亲朋好友或者同事、同学都贡献了自己的一份力量。王阳明之所以能够成为心学大师，是因为身边有很多支持他工作的朋友，他们可以时常交流，研讨学问；能够成为战场上的常胜将军，是因为部下对其的忠诚。所以，大家一定要时刻提醒自己，当自己取得成功、受到赞赏时，要大度地说："这个荣耀是属于大家的。"这种方式能让周围的人对你好感倍增，他们也会更乐于为你提供帮助。这是一个良性的循环，如此下去，我们的生活、学习、工作也会更加顺利，获得的成就也会更多。

处下有容，心境宽广

大抵七情所感，多只是过，少不及者。才过，便非心之本体，必须调停适中始得。

——《传习录》

那一年，王阳明由兵部主事贬至龙场，生活十分艰辛。为了生存，他跟普通老百姓一样下田耕作。对农事不是很清楚的地方，他会毫不犹豫地咨询当地农民，一些民风民俗也是他学习的对象，因此，老百姓都愿意亲近他。

他在讲学的时候，从不把自己放在一个高不可攀的地位。他把前来学习的弟子当朋友，为人处世平等公平，从不训斥任何人，也不惩罚任何人，他把教育气氛调整得很轻松，感觉大家都在互相学习。他认为每个人都有自己独到的见解，从不把自己的观点强加给学生。在他病逝之后，朝廷的一些官员、他的学生开始继承他的事业，为把心学发扬光大，四处宣传他的思想、观点、主张，传扬他的功绩，缅怀他高尚的道德情操和为国为民的忠贞心胸。

王阳明深知，智慧来自于民间，所以虚心向百姓请教，谦卑与学生互学，不轻视任何人的意见，在自己摸索和向他人学习的过程中，哲学思想日益完善，他的这种处世方式值得借鉴。

《道德经》中有句话说："故贵以贱为本，高以下为基。是谓侯王自谓孤、寡、不谷。此非以贱为本邪？非乎？故至誉无誉，不欲碌碌如玉，硌硌如石。"意思是说，贵要以贱为根本，高要以下为根基。所以侯王自称为孤、寡、不谷，不就是以贱为本吗？所以最高的荣誉就是没有荣誉，不要像玉那样显示自己的美丽无瑕，要像石头那样朴实无华。

侯王本是地位之高的人，但他们依然自称孤、寡、不谷。俗话说，"高处不胜寒"，侯王地位越高越孤独，他们自觉德浅才疏，希望民众可以帮助支持他，大臣可以帮助他。这就是"高以下为根本，贵以贱为根基"。

唐太宗李世民曾说过：“水能载舟，亦能覆舟。”意思是说，事物用之得当则有利，反之必有害。君王好比船只，百姓好比水；船在上，水在下。如果船上的人能重视下面的水，知道自己所有的权力、财富都是建立在水的基础上，就不会发生危险。如果忽略了水的重要性，失去了这个根基，那么船就会被淹没。刘备就是一个懂得“居上处下”的智慧之人。

刘备虽然出身高贵，身为汉室皇叔，却与出身卑微的关羽、张飞结义，从此为自己事业找到了顶梁柱。在后来的诸侯混战、天下大乱中，他就是利用“处下”的智慧，使自己更有实力。投靠公孙瓒后他解了徐州之围，改投靠徐州刺史陶谦。因为他懂得照顾民心，结果陶谦三让徐州，让他做了徐州牧。

后来，他又投靠曹操、袁绍、刘表，深谙“处下”智慧的他，积累了不少的知识和经验，个人品行也得到修炼，于是一步一步取得了不小的成就。

其中，最广为人知的就是为了请诸葛亮出山，刘备带领关羽、张飞“三顾茅庐”。第一次，兄弟三人向门童说明来意后，回说：“先生不在家，早上就出门去了，也没说去哪儿，更不知何时回来。”刘备三人只得失望地离开了卧龙岗。

过了几天，刘备听说诸葛亮已经回家了，又带着关羽、张飞冒着鹅毛大雪去隆中。遗憾的是，到了才知道，诸葛亮在他们到来的前一天和朋友相约出游了，三人这次又一无所获。

又过了段时间，刘备准备再去请诸葛亮，关羽和张飞都有些不愿意，但刘备并不放弃，于是，三人再次来到卧龙岗。这次，诸葛亮在家，但是门童说先生在睡觉。为了不打扰先生休息，刘备三兄弟便在草屋的台阶下等候。过了很长时间，门童才把三人请进了草屋。刘备心有感叹，不虚此行啊，终于能和先生见上一面了。诸葛亮见刘备谦虚诚恳，开门见山地说："荆州所处地势十分险要，是个用兵的好地方，既然刘表无法守住它，将军应当取而代之。第一步占荆州，第二步取益州，第三步联合孙权，和西南各族联络好关系，只要时机一成熟，便向中原发展。那么，一统天下就指日可待了。"经诸葛亮一番指点，刘备豁然开朗。他立马邀请诸葛亮同自己一起前往新野，诸葛亮委婉拒绝，只说自己已经习惯了山野村夫的生活，所以无法与将军一同前行。谁知，刘备着急地哭了起来，眼泪把衣服袖子都打湿了。诸葛亮被其一片赤诚感动，终于答应他出山。

刘备为请诸葛亮出山，"处下"功夫表现得淋漓尽致。处下并不是一味地自谦、低下，处下是一种"虚怀若谷、吞吐万千"的气势。只有谦逊、尊贤才能得到他人的追随。王侯都能做到如此，一般的人也能做到。时刻注意自己的言行，尊重他人，保持谦虚谨慎的态度，自然就能得到他人的信任；不自恃清高、自以为是，学会理解他人、关心他人，自然能得到他人的关心和爱戴，由高处不胜寒变为高处春意暖。到那时，成功就是顺乎天理、合乎人意的了。

第七章

去留随意，喜乐随心

——听王阳明讲喜乐之心

心境愉快，能够预防疾病的侵袭

九川卧病虔州。先生云："病物亦难格。觉得如何？"对曰："功夫甚难。"先生曰："常快活便是功夫。"

——《传习录》

这句话的意思是说：在虔州时，九川病倒了。王阳明问九川："疾病很难对付，你认为呢？"九川说："那得需要高明的医术。"王阳明说："保持快乐也是一种高明。"

每当我们周围有人生病了，有一句常听见的、宽慰病人的话是这么说的："人吃五谷杂粮，哪有不生病的？"从小到大，谁没有得过病啊？在生活中，我们会发现，有的人身患疾病，但他们若无其事、整天乐呵呵的，不知不觉中，他们的病情随之减轻，最后竟然痊愈了。但是，也有那些得了点小毛病的人，自己吓自己、疑神疑鬼的，结果害得自己身体每况愈下，小毛病也恶化成大毛病了。

情绪，在治疗疾病时非常关键。好比两个人患了同一种病，其中一个人以为是小问题，不是什么重病，对自己的工作和生活并不会带来什么影响。倘若，病人能保持一颗快乐的心，积极治疗，那么疾病痊愈的概率就越高。另一个人，知道自己得了重病，治疗非常棘手，那么对这个人的精神打击是非常大的。一旦病人情绪低落，陷入痛苦无法自拔，那么他的病情将加重，疾病也难以治愈。

有个得了淋巴癌的女人，医生告诉她最多有七年的时间。三十几岁的她，面对幼小的女儿，痛苦不堪，她多么爱自己的孩子，可不公平的上天为什么要结束她年轻的生命。后来，她每天就忙着安排后事，包括写下遗嘱分配财产，还告诉女儿，如果有了新妈妈，新妈妈对她不好，应该怎么办。然后，因为担心女儿和丈夫在需要什么东西的时候找不着，她又把家里大大小小的物品贴上便签注明摆放位置。每天她都会检查下自己的工作，然后完善它们。

过了一段时间，她好像醒悟了：我那么年轻，宝贝那么小，我怎么可以留下她一个人？于是，她敞开自己的心扉面对疾病，并积极地配合治疗。同时，她用微笑去迎接生活，她开始学习跳舞，每年都和丈夫一起带着女儿出去旅游。从那时起，她对自己是病患一事毫不避讳，她每天该干什么就干什么。不知不觉中，她变得更加健康了，整天嘻嘻哈哈的，她不说没人知道她是一个得了绝症的人。甚至有时候，她自己也不记得自己有病。她还积极地参加市里举办的各种抗癌活动。时间很快过去，七年后，她还好好的。于是，在十年后、二十几年后，她依然快乐地活着。当时，年幼的女儿，现在都做妈妈。

快乐是疾病的敌人。据现代医学研究证明，保持愉快的心情，对大脑产生脑内吗啡有帮助作用。脑内吗啡的功效是药物无法取代的，可以止痛、保护心脏、增强身体免疫力。相反，如果整天郁郁寡欢、紧张、急躁，大脑就会产生去甲肾上腺素，这种激素会使心血管收缩、血压升高、心跳加快，时间长了还会导致心脑血管疾病。最可怕的是，癌细胞也会扑面而来。所以，拥有一颗健康、快乐的心，才能拥有一个健康、强壮的身体。

马克思曾说："一种美好的心情，比服良药更能解除生理上的疲惫和痛楚。"这就是在告诫大家，疾病的产生我们无法控制，但是我们可以调整好心态，坚强快乐地与疾病做斗争，自然也就能扼制疾病的恶化。人们常说，笑一笑，十年少；愁一愁，白了头。所以，大家要想健康长寿，就需要微笑迎接生活，把一切事情都朝好的方面去想，让自己心胸开阔起来。

—— 享受人生的喜乐 ——

喜怒哀乐，本体原为中和。自己一旦有别的想法，稍有过分或达不到，便是私。

——《传习录》

此话的意思是说："喜怒哀乐，四种情绪原本是一个综合体。如果把自己的想法掺杂进去，无论是哪一种情绪过分或是没达到都叫自私。"

王阳明的这一观点和《中庸》上说的"喜怒哀乐之未发谓之中，发而皆中节谓之和"有异曲同工之处。"喜怒哀乐之未发谓之中"的"中"意思就是本体，是为人处世的本质和核心。就像"不以物喜，不以己悲"一样，不因外界事物的变化，而影响自己的情绪，人与人之间就会和睦相处，减少摩擦，世界也变得简单。

公元383年，前秦皇帝苻坚率兵南下，攻打东晋，企图一统天下。当时的东晋自然比不上前秦，东晋的首都建康，人民一片恐慌。时任东晋丞相谢安说："我们和敌人的兵力虽然悬殊较大，但敌人孤军深入，内部矛盾巨大，使得他们的战斗力也受到影响，东晋以少胜多也绝非难事。”于是，他派出谢石、谢玄等人率八万士兵前去抵御。

谢玄心中无数，忐忑不安，临行前还询问谢安如何打算的。谁知，谢安只说了一句话：“我已经安排好了。”便不再说话。谢安没说出个所以然来，谢玄当然更担心，于是，又让谢石去问。可无论谢石怎么问，谢安都不愿谈军事，只是让谢石跟他下起了围棋。原本，棋艺高超的谢石，因为面对出战的压力，下棋也心不在焉，倒是谢安像什么事也没有一样，思维清晰，结果下赢了谢石。

最后，东晋军队在淝水打败前秦军队，这就是历史上有名的以少胜多的战役——淝水之战。而东晋军队利用的就是前秦军心不稳的弱点，打败敌军。当时，获知消息的谢安还在与客人下棋，他看完下属送上的捷报不动声色，继续下棋。客人很是好奇，便问：“发生什么事了？”谢安微笑着说：“小事情，就我的小辈儿打了胜仗。”（因为谢玄等是谢安的子侄辈）下完棋，送走客人，谢安终于抑制不住心头的喜悦，回屋时把木屐底上的屐齿都碰断了也浑然不知。

谢安不过是个普通人，他也有喜怒哀乐，他也曾害怕过、担心过。但是他知道，让自己的情绪太过自由，也无法解决问题。此时，必须头脑冷静，才能做出对的选择。谢安之所以能够成功，是因为他很有自制力，能调解好自己的情绪，这样才能保全自己和保卫自己的国家。

谢安在大敌来临时的冷静自若、从容不迫，情感收放自如，既不放肆也不压抑，既不夸张也不隐忍，唯有这样，才能取胜。这就好像炒菜时放盐，盐虽能调味，但也要放得恰当，否则，适得其反。

平日里，我们对各种事物的评价或处理都附带了个人情感，本应该“中”的情绪就会变得不“中”了。所以，一个人要达到“和”的境界，就得善于控制自己的情绪，不偏不倚，才可以让天地万物各归其位，按自然规律发展。

在心灵深处种满鲜花

心无所累，意无所牵。

——《传习录》

“芭蕉叶上无愁雨，只是听时人断肠”。有时外面风和日丽、鸟语花香，内心却十分压抑，整个世界就充满了黑暗；心境怡然，快乐自适，便有了“绿杨烟外晓寒轻，红杏枝头春意闹”的快乐。每个人的境遇状态都同他的心灵有着密不可分的关系，心境随心转。

王阳明深谙，官海沉浮乃常事。所以，即使在仕途历经坎坷，他也不放弃心中的坚守。其实有几次被贬后，他也沉默过，也失望过，但困难不能够打倒他，他依然意志坚定，用微笑迎接每一天。他之所以能用微笑面对一切，跟他自我约束、自我调解，以保持内心的平静有莫大的关系。人生，不可能是一帆风顺，无论怎样，都要有一颗感恩的心。人这一辈子，不要杞人忧天，庸人自扰，整天愁眉不展的，这样就感受不到生活的乐趣，不懂得生命的真谛，这样的人生也是一种遗憾。

一天，有两个人在被问及三个相同的问题时，他们的回答却截然相反。

问题一：什么是希望?

悲观者说：希望就是地平线，看得到，却无法到达。

乐观者说：希望就是启明星，让我们看到前方的曙光。

问题二：什么是风?

悲观者说：风是浪涛的帮凶，会把人埋葬。

乐观者说：风是帆的伙伴，可以把你送到目的地。

问题三：生命是花吗?

悲观者说：花虽美，却短暂，凋谢了就什么也没有了！

乐观者反驳道：不，它会留下迷人的芬芳。

突然，从远处传来了一阵声音，要求他们回答另外三个同样的问题。

问题一：不低头，向前走，不停留，会怎样?

悲观者说：会碰到墙壁。

乐观者说：会看到不一样的风景。

问题二：春雨好不好?

悲观者说：不好！它会滋润野草，野草会疯长！

乐观者说：好，花儿会得到呵护，开得茂盛！

问题三：给你一片荒山，你会干什么?

悲观者说：给自己修一座坟！

乐观者反驳道：不！要漫山遍野种上绿树！

很快，他们收到了上天的礼物：成功属于乐观者，失败属于悲观者。

面对同样的问题，两种心态的人的回答就不一样。由此可见，一个人心情的好坏，跟环境关系不大，关键在于有什么样的心境。一个人，当他烦劳、郁闷时，看什么都不对；而一个人，当他心情好时，看什么也都顺眼。这就像“当你哭的时候，全世界只有你一个人在哭；当你笑的时候，世界都在跟着你笑”的意境一样。

从前，有个人很喜欢自寻烦恼。总是觉得活着没有什么意义，日子过得是一天不如一天。终日诚惶诚恐的，日益颓废、忧郁。有一天，他从朋友那儿打听到，在这深山老林里有一位得道高人。他无所不能，充满智慧，这人就不计千辛万苦、路途劳累，到山上请求高人指点。

忧郁者问：“我终日郁郁寡欢，诚惶诚恐，究竟应该怎么做，才能过得快乐一点？”

高人说：“笑，学会对自己和他人微笑。”

忧郁者不明白地问：“我过得不好，生活很艰苦，根本没有笑的理由。”

高人捋了下白须，说：“第一次微笑时，不需要理由。你只要笑就好了。”

“那么第二次、第三次、第四次呢？都不需要理由吗？”

“你想得太多了，有了第一次，到第二次、第三次的时候，微笑就自己找上门来了。”

忧郁者豁然开朗，他充满谢意地向高人道了别。

其实，为人处世，带着一颗善良的心出发，总会有意想不到的结果。用微笑表示对他人的友好、真诚，那么，与他人的相处，必定是和谐美好的。

人类的心灵是一座种满花草树木的花园，对它时不时地修剪翻耕是必需的。这座花园里除了净土还有垃圾，净土难免不受垃圾的侵扰。因此，这需要充分发挥自己作为心灵园丁的能力，杂草该锄还得锄，否则，它与花木争风吃醋，享尽花木的阳光雨露，到时这座花园就只能成为围城，所以懂得及时修剪繁杂的枝叶，懂得微笑着面对困境，以求得内心的和谐平静，那么就算生活在围城之中，也能自在。

大道至简，简单就是幸福

但论议之际，必须谦虚简明为佳。若自处过任而词意重复，却恐无益有损。

——《静心录》

古人云：“大道至简。”意思就是：“越是真理就越简单”。“数学人生法则”是美籍华裔数学家陈省身独创的，他说，数学中“九九归一”很有趣，就像人生，应该把复杂的东西简单化。简单，是一门学问，有智慧的人并不缺少内容，只是繁华过后，他们有所惊觉，化繁为简成为一种选择。所以，实现简单其实是一个觉醒的过程。“大道至简”——一个人的一生就应该是去繁求简的。

王阳明曾说写文章应该“谦虚简明”。复杂、拖沓、重复的文字，对文章毫无意思，反而影响文章主题。其实，这句话用在指导人生上，也是值得学习的。

人的欲望就像一个无底洞，对生活的追求没有止境：高级的房屋、幸福的家庭、优秀的子女、有权有势、追逐名牌、追寻时尚等等。爱慕虚荣、贪得无厌，从不回首思考自己走过的路。于是，慢慢地在欲念的牵引下拥有了很多，随之负担加重，为了处

理这些负担，生活更加烦琐，从而失去了意义。事实说明，幸福与物质的关系不大，重要的是保持一颗简单的心，就会感受到生活的宁静，体会到人生的意义。

有位中年人，每天过着机械般的生活。有一天，他觉得自己受不了这沉闷、压抑的生活，因此去向一位禅师寻求解脱之法。

禅师把一个篓子给他背到肩上，指着前方一条崎岖的小道说："你背着篓子向前走，每走一步你就弯下腰来捡一颗石子放在里面。"

中年人按禅师的说法去做了，当他背着篓子装满石头回来后，禅师问："你这一路走来，感受怎样？"中年人说："越到后面越重。"

禅师说："其实，这个空篓子就像我们的人生，出生时，我们两手空空，但每当我们往前走一步，身上就会多一些东西，所以，会越来越累。"

中年人问："大师，我要怎样做，才能放下那些捡来的人生重负呢？"

禅师反问："钱权、名声、家庭、事业、朋友都是让你沉重的石子，你愿意舍弃吗？"中年人没有回答。

禅师又说："篓子本是装你从这个世上探寻、争取得到的东西，但是要懂得适可而止，太多，生命将无法承受之重。现在，你明白自己想要的是什么了吗？"

中年人问禅师："你留下了什么，丢弃了什么呢？"

禅师笑道："身外之物需丢弃，心灵之物值保留。"

有时候，人们背着个背篓上路，边走边拾。一路走来，背篓里装满了对他们毫无意义的东西。但是，当他遇到对自己重要的东西时，背篓已经被塞得满满的。功名利禄其实就是这些意义不大的东西，多了反而是种负担。反倒是净化内心的东西越多，人就会越有智慧，心胸更加开阔，懂得知足，也懂得幸福其实就是简单。

世界上的人，没有所谓的本分与否，而是是否对外界的诱惑都能抵挡得了。功名、金钱、爱情、事业等，一旦拥有便无法放下，而且欲望越来越大。然而，生命的承载能力是有限的，拥有的东西太多，生命就变得不堪一击。这个时候，你要懂得去与留，懂得面对自己的真心。否则，一失足成千古恨，背上那沉重的枷锁将无法被打开，幸福也会离你更加遥远。

网络上有句流行语说“舒服是留给死人的”。其实，没有一个人的人生是一帆风顺的，“人生在世，不如意事十之八九”就是这个道理。有得必有失，有舍才有得。面对生活的种种，都要随缘，不强求、不苛求。因为，世间万事到头来就是一场空，灿烂辉煌就是一场梦，梦醒了，一切也都化为乌有。名利、贪欲、忌妒、偏狭、虚荣都是绳子，那些过分的强求和苛求也是绳子。绳子多了，就会打结，扰乱我们的生活。只是牵绊内心的绳索，需要紧握，它是我们获得幸福的钥匙，也是体会人生乐趣的灵丹妙药。

有些人，活着，不去杞人忧天；爱着，不去故作浪漫。他们知足，从不奢望老天的特殊关照；他们简单，表里如一。他们从不思考幸福是什么，怎样使自己幸福，然而，他们却一直被幸福包围。

人会不快乐，是因为他们活得不够纯粹。对生活，不刻意强求什么，对生命不贪婪地索取什么，不要让虚荣心霸占你的身心，要真实、真诚地面对每一天、每个人，简单了就幸福了。

笑看人生起伏

尔却去心上寻个天理，此正所谓理障。

——《传习录》

生与死，是无法控制的，只有生死之间才是我们所能掌控的。人生就应该是不问何处来，不问终归何处，活在当下，珍惜现在。有人以为幸福在远方，有人懂得幸福就是眼前的美好，后者似乎更明智。一个人的快乐来自于清新淡雅，真诚相待，勤劳努力，而非来自于山珍海味，盲目追求，爱慕虚荣。幸福就像去寻找大山里的瀑布，结果不重要，重要的是这寻找的过程。

王阳明为了实现自己的追求，付出了毕生精力，无疑他的人生是成功的，也是幸福的。王阳明早年在官场打拼，后来上阵杀敌，南征北战，再到后来他辞官还乡，潜心修学，最终病逝，这是他短暂的一生。但从另一个方面来说，他的一生又是漫长的，他为明朝立下汗马功劳，后又把儒家文化研究得淋漓尽致，创立心学。他在两个完全不同的领域有所成就，这和他一直坚持少年时的志向和追求不无关系，无论是带兵打仗还是创立心学，目的都是报效祖国。

一个人从出生到辞世，从胎儿、婴儿、孩童、少年、青年、中年，再到老年，这个过程就是生命的真谛，这其中有喜怒哀乐、酸甜苦辣，这才是完整的人生。

从懵懂无知到有所见解，人们所追求的只是一个结果。但有些时候，结果并非如你所愿，反而让人变得沉重。不过幸好还有那求知、争取的过程，让你觉得自己真实地存在过，那些开心与忧愁才令人回味。有的东西是你的，怎么也逃不掉，不是你的也强求不来，所以得失也得随缘，不畏惧追求，不担心失去。否则，当失去让你一蹶不振时，更美好的时光就已经和你擦肩而过，其实，失去并不是一件坏事，它只是下一个美好的开始。

有位衣衫褴褛、头发凌乱、神情萎靡的孤独者倚靠着一棵树晒太阳。

一位智者经过，很是好奇，于是问道:“年轻人，天气这么好，正是做事的好时候，你怎么不去做事呢？在这儿晒太阳，岂不是浪费生命？”

“唉！”孤独者叹了一口气说，“我这躯壳就是我唯一拥有的，除此之外，我一无所有。我是怎样都可以，也无事可做，晒晒我的躯壳，不是更好。”

“你家在哪里？”

“我没有家。家庭是个负担，还是我一个人来得轻松。”孤独者说。

“你没有至爱吗？”

“没有，爱是虚幻，爱久了就成恨，不如不爱。”

“你没有朋友吗？”

“我没有朋友，朋友早晚都会失去，不如不曾拥有。”

“你不想做有钱人？”

“不想。千金终会散尽，我何必不好好保存我的躯体呢？”

“噢……”智者若有所思，“我帮你找根绳子吧？”

“干吗？”孤独者问。

“让你自缢。”

“啊？你是让我去死吗？”孤独者惊诧道。

“对啊，既然生死乃人生的开头和结局，与其你生了再死，不如不生。你本身就是多余的，死了一了百了，不正合你意？”

孤独者无言以对。

“兰生幽谷，不为无人佩戴而不芬芳；月挂中天，不因暂满还缺而不自圆；桃李灼灼，不因秋节将至而不开花；江水奔腾，不以一去不返而拒东流。更何况是人呢？”智者说完便转身离去。

“江水奔腾，不以一去不返而拒东流。”人生的过程，是一个简单但又最被人忽略的错误。人生的目标指引我们走向明天，但是人生却只活在今天。有理想、有目标的人，活得有意义，他们是懂得人生过程的重要性，并且能把握住过程的人，是热爱生命并且活得真实的人。“没白活一辈子”，应该包括两方面的内容——目标和过程。有些人，活了一辈子，但是他们却不懂得人生过程的意义，一味地、盲目地追求目的，不懂得享受人生，殊不知，这是人生的一种遗憾。人生不会一直平坦，起起伏伏才最真实，而每种境遇都是一番景色，懂得得与失的道理，用一颗淡定的心面对人生的悲欢离合。

人生是跌宕起伏、充满神秘的。如果，我们急功近利，总用一种物质、势利的态度来衡量别人，只能前进，不能后退，那么，我们就永远也不会懂得人生的真谛。为什么说追求幸福的过程才是最幸福的呢？因为，我们赤裸裸地来到这个世界，每个人面临的结果也都相同，终究是要入土为安的，那么，还不如享受这个过程，才不枉活了一辈子。

—— 暮然回首，幸福紧紧跟随 ——

彼其胶于人欲之私，则利害相攻，毁誉相制，得失相形，荣辱相缠，是非相倾，顾瞻牵滞，纷纭舛戾，吾见其烦且难也。

——《悟真录》

“空中飞鸟，不知空是家乡；水中游鱼，忘却水是生命。”这句话的意思是说：在天空中飞翔的鸟儿，因为原本置身天空中，它满足于这样的空间；鱼儿在水中生存，水是它乃以生存的东西，但它也未因为它的重要性就操心忧虑。如果要生活得愉快、幸福，就需要用这样积极的态度面对生活。

俗话说“生命无贵贱”，再成功的人也有悲伤的事，再失败的人也有值得高兴的事。有时，我们羡慕他人的风光生活，觉得人家过得风生水起的，自己却平淡无奇。却不知道，这些人也是普通人，他们也会有我们看不到的痛苦、失败的一面。

王阳明说，毁誉、得失、荣辱、是非不是绝对的，世间万物都是相辅相成的。所以，人生也没有绝对的幸与不幸，每个人对幸福的定义也不是一样的。站在不同的角度，也会有不同的见解。就像钱钟书的《围城》一样，里面的人想出来，外面的人想进去。

而实际，里外都是一样的，只是大家处在不同的位置，在乎的东西不一样，无须羡慕人家的好，说不定人家还在羡慕你的好呢？因此，我们应该珍惜时间，不要庸人自扰，好好地享受生活带给我们的美好。

有一条河，在河的两边各住着一位农夫和一位官员。农夫很羡慕官员，无须劳作就有好吃的、好喝的；而官员却也羡慕农夫简单淳朴的生活，修身养性。时间久了，他们内心深处的向往更加强烈：到对岸去。

终于有一天，农夫和官员协商互换身份，开始一段新的生活体验。

一转眼几个月过去了，农夫发现，原来官员的日子并不像他平日看到的那么闲适，实际十分操劳，每天都要处理很多政务，而且自己更无法适应官场的各种规定，于是，开始怀念自己以前的生活来。

官员这时也才体会到，农夫的生活不是他想象的那么简单，辛苦的劳作让他吃不消。于是，他也想起做官的日子。

不久，他们又开始希望：到对岸去。

其实，他们在没有看到对方的全部时，都在盲目羡慕着彼此的生活。当两人互换身份、生活之后，才发现原来的生活才好。所以，你眼中的他人不是完整的他人，你只看到他人的快乐，不一定就能看到他人的忧伤。完整的生命是喜忧参半的，对生命要宽容，也就是对自己宽容。的确，每个生命都有欠缺，不必与人做无谓的比较，珍惜自己所拥有的一切就好。

明朝金溪人胡九韶家境贫寒，既教书又耕作的他，生活还是捉襟见肘，仅能解决温饱问题。但是，他从不抱怨，反而每天黄昏时都到门口焚香，向天拜九拜，感谢上天赐给他的一切，让他每一天都过得充实，每一天都在享清福。他的妻子很不理解他，讥笑着说："这日子过得那么穷，一日三餐就没吃过荤，这算哪门子清福呀？"胡九韶说："这自然有我的道理，第一，如今天下太平，没有战争兵祸；第二，通过我的努力，我们全家人都能吃饱穿暖，有家可归，有人关心；第三，庆幸家里人都很健康，也遵纪守法，安贫乐道，这不算清福吗？"

胡九韶对待人生没有贪欲，他感谢上天赐予他的一切。就像诗中所说："木末芙蓉花，山中发红萼，涧户寂无人，纷纷开且落。"芙蓉虽生长在大山深处，但它不会因为自己的出生而自卑。花开花谢，它随性地绽放、凋谢，它为自己曾盛开过而幸运。所以，幸福是什么？没有人说得清楚，心态不一样，幸福的定义也就不一样。

幸福，它可以有很多种解释，但是幸福并不是琢磨不透的。我们对幸福的理解应该是在客观条件允许的范围内去感受它、理解它。切忌异想天开，好高骛远，那么幸福就会默默地来到我们的身边，蓦然回首，幸福也已悄然降临。

快乐是平常心态结出的圣果

吾辈用功，只求日减，不求日增。减得一分人欲，便是复得一分天理，何等轻松洒脱，何等简易！

——《传习录》

王阳明的学生陈九川生病时，王阳明问他：“生病之后，你觉得要做到格物穷理是不是更加困难了？”陈九川说：“不瞒你说，这种修炼是非常人能做到的。”王阳明笑了笑说：“其实不难，保持心情愉快就能做到。”

保持一颗快活的心又何尝不是件困难的事呢？人的一生，不顺心的事很多：生病、挨批、降职、失恋、失业等等。一想到这些，有谁还有心情愉快？在陈九川看来，格物穷理非常人所能达到的境界，现在他生病了，所以就更难了。而老师王阳明是在劝诫他，不要把快乐想得太复杂，保持内心的开阔，不受外界干扰就是了。

外界环境的好坏，对人的影响是不可忽视的。但精神修养达到一定高度的人，便能改变自己的心去适应不同的环境。如果一个人的内心不够强大，不够开阔，即使他是百万富翁，吃遍天下美味，享尽人间富贵，快乐也与他无缘。

人最需要的不是金钱、不是权力，是内心的宁静与快乐。快乐也不难，它无须与金钱、权势、命运纠缠，它很简单，不要让它身陷泥沼之中。快乐源自内心，钱权或许可以满足人一时的贪婪和虚荣，只是很少有人能把他处理得当，生活因为这失衡的内心与快乐绝缘。

有一个樵夫，他天天到山上砍柴，维持生计，尽管他勤勤恳恳，风雨无阻，但家里还是很艰难。他老婆每天都向上天祈求可以过上有饭吃的日子。

上天也许是被她打动了。于是，有一天樵夫在山上砍柴的时候，挖出了一包金子。忽然之间，樵夫一家成了百万富翁。他们把金子换成钱，买房买地，宴请宾朋，办得十分奢华。那些多年没有走动的亲戚朋友也都登门拜访。

按理说，樵夫现在有钱了，过上了不愁吃不愁穿的日子，应该满足了。可是他只高兴了几天，便开始闷闷不乐起来，然后整天愁眉苦脸的，吃不香，睡不着。他的妻子觉得奇怪就问他："你干吗闷闷不乐啊？现在我们有用不完的钱，吃的是山珍海味，住的是富丽堂皇的大宅子，还有百亩良田，你不要杞人忧天了！"

樵夫听了不耐烦，有些生气地说："你懂什么？现在，大家都知道我们挖到了金子，招来强盗土匪怎么办？我就是愁不知道把它们放到哪里合适。"妻子觉得丈夫说得很对，便和丈夫一起找藏金子的好地方，可是无论放在哪里，他们都不安心，整日诚惶诚恐的，片刻不得安宁。

樵夫的遭遇，其实和很多人一样，把金钱看得过重。他不懂得这些名利钱财都是身外之物，总有一天会化为乌有，即使每分每秒不停息地追求与创造它，也无法满足人的贪念。只是遗憾因为盲目地追寻，让自己失去了快乐，失去对人生的理解。人生的宗旨是快乐，一颗丰盈的内心，像天空的太阳，温暖自己也温暖了他人。快乐很公平，谁都有权利获取。

颜回一生师从孔子，跟随孔子周游列国，虽然他才华横溢，品行极好，但他安于贫苦的生活，自始至终忠于内心，所以他可以说是乐由心生、无须附丽的典型了。孔子也曾评价他："贤哉，回也！一箪食，一瓢饮，在陋巷，人不堪其忧，回也不改其乐，贤哉回也！"人生最悲哀的事是认为快乐是金钱、权势堆砌的。当人们怨天尤人、自暴自弃的时候更是悲哀。很多故事都告诉我们，快乐源自内心，只是不要被欲望蒙蔽了真心。"乐是心的本体，只有心才是快乐的根。"这是王阳明说的。快乐不是酒精麻痹后的半梦半醒，更不是挥金如土的快感，生命经不起放任，灵魂经不起麻醉，珍惜当下拥有的一切才能快乐。懂得感恩，感激生命、感激大自然送来的清新空气和阳光，将苦痛抛弃，让快乐常驻心间。

如果你希望自己有所成就，并且能心胸开阔，快快乐乐地生活，首先要修身养性，借鉴他人的经验，让自己的内心丰富。培养自己的性格，少动怒、要感恩，做一个心灵丰富、能够为他人考虑、愿意帮助他人的人，这样才能让内心平静、安宁，从而把工作和生活当作一种乐趣。无论何时，都要有“临清风，对朗月，登山泛水，肆意酣歌”的心境，陶陶然乐在其中，不亦快哉！任凭雨打风吹去，享受自然的恩赐，洗涤自己的精神世界，让快乐源源不断！

第八章

用出世心，做入世事

——听王阳明讲彻悟之心

坚定自我，保持内心的沉着安静

萧惠问死生之道。先生曰：“知昼夜即知死生。”问昼夜之道。曰：“知昼则知夜。”曰：“昼亦有所不知乎？”先生曰：“汝能知昼？懵懵而兴，蠢蠢而食。行不著，习不察，终日昏昏。只是梦昼。惟息有养，瞬有存，此心惺惺明明。天理无一息间断。才是能知昼。这便是天德，便是通乎昼夜之道而知，便有甚么死生？”

——《传习录》

萧惠向王阳明请教生与死的问题。王阳明说：“知道白天与黑夜，就会知道生死之道。”萧惠又请教，白天与黑夜的学问。王阳明说：“白天与黑夜，知其一，便贯通其中。”萧惠说：“白天、黑夜，你是说我们日常生活的时空吗？”王阳明说：“你懂了？非耶非耶，那些在早晨迷迷糊糊起床的，然后开始盲目生活、成天浑浑噩噩的人，犹如活在梦中。只有用心地生活，清清楚楚、明明白白地做人，才懂什么是白天。然后，懂得自然规律，然后懂得昼夜之道，生与死的问题难道还看不透彻？”

人类生活在地球上，随着地球的公转和自转，我们经历着春夏秋冬，黑夜白昼。但是，昼夜的真正含义又有谁懂得呢？虽然，时间都是分分秒秒地过去，但是对于不同的人，每一天的意义都不一样。

心静且明亮的人，有着明确的目标，他们会把每天的事情都安排得井井有条，十分珍惜时间；而浮躁浑噩的人，总是心力不足，每一天都得过且过，无法领会人生的真谛。

怎样成为一个心静且明亮的人呢？首先，我们要给自己树立一个合理的目标，并且要有为达到目标而奋斗的决心；其次，要制订详细的计划，以最大限度地实现目标；最后，要珍惜时间，不要“做白日梦”，活在当下。如果我们能为每一天都赋予美好的意义，白天与黑夜、生与死就不那么重要了。

大自然的变化，不会因为我们的意志变化而发生变化。昼夜、生死都是我们所无法逃离的，所以只要我们珍惜时间，让生活充实，“昼夜生死”自然就能在生活中得到诠释。佛学大师圣严法师曾经说过：“人要活在当下。”但是，活在当下并不意味着不计过往、不顾未来。而是说，做每一件事的时候，都要用心，不要一味追求结果，要享受过程带来的乐趣。就像你在回忆时，就要回忆美好的、能给自己带来启发的；在憧憬未来时，要跟现在所作所为联系起来；吃饭就专心吃饭，看书就专心看书。不要三心二意、胡思乱想。所以，就算是普通的劳作，佛门中人也能悟出禅意。现实社会让我们越来越急功近利，做事三心二意，没有毅力，所以，我们必须要有活在当下的意识，认真做好每一件事，这样才不会浪费时间，虚度光阴。勇敢地面对发生在当下的每一件事，认识自己，坚定自我，有梦想就要努力去实现。

传说，唐僧去西天取经时，原本打算带上黑驴和白马的。但是，黑驴担心旅途劳累，不能顺利完成任务，就拒绝了唐僧的邀请。所以，最后白马跟唐僧上路了。

十几年后，唐僧带着白马西天取经归来，白马给黑驴讲述了他们一路的经历，淳朴的风土民情，与妖怪斗智斗勇，还结交了很多朋友，这令黑驴十分羡慕，后悔当初拒绝了唐僧。心想：“如果当初和白马一样跟唐僧去取经，现在自己也会有丰富的阅历。如今，自己只是终日围着磨盘，毫无长进。”

从这则故事我们发现，人不能没有理想，理想是支撑人们一生的精神食粮。如果一个人想成功，那理想更是重要。从黑驴与白马的故事中我们看到，黑驴整天拉磨，它所经过的路程和白马取经走完的路程是一样的，只是因为它们处在不同的空间，白马丰富了自己的经历，而黑驴则是在混沌中消耗了时间。

人的一生需要一个明确的目标，同时，我们要时刻保持清醒，要朝着自己的目标不断地前进。保持内心沉着、安静，不怕时间的流逝，不担心生老病死，充实地走过分分秒秒，此生无憾。

淡泊人生，不为名利所累

志于道德者，功名不足累其心；志于功名者，富贵不足以累其心。

——《静心录》

王阳明在江西庐陵任司主事时，由于成绩显著，被失后升到员外郎、郎中、南京鸿胪寺卿、都察院左佥都御史、都察院右都御史、两广巡抚、南京兵部尚书、封新健伯。尤其是在平定宁王叛乱一事上，功不可没，成为皇帝眼中的红人。但是王阳明并未为此感到骄傲，面对皇帝的宠爱，他是多次上书，恳求辞官归乡，离开朝廷。

王阳明是真正的智者，他清楚地知道自己要什么和不要什么，他绝不会为了一点眼前的名利、财富而算计人。

有句话是这么说的：“石火光中争长竞短，几何光阴？蜗牛角上较雌论雄，许大世界？”意思就是，人生的短暂如同以铁击石所发出的火光一样，为名为利不是在浪费时间吗？相对宇宙而言，人类的生存空间跟蜗牛角一样，就算你争得了什么，能大得过世界吗？

西周时期，齐国有个名叫宾卑聚的勇士。有一天晚上，他做了个怪梦：一个身材高大的人，戴着一顶白色绢帽，帽子上有些红色的穗子，身穿一件红色麻布衣，脚穿一双崭新的白色缎鞋，腰上还挂着一个黑色的剑囊。这个大汉直直地向宾卑聚走来，当靠近宾卑聚时，他呵斥宾卑聚一顿，然后把唾沫吐在了宾卑聚脸上。

虽然，宾卑聚醒后知道这是个梦。但是，在梦里受尽屈辱的心，并未平息。

第二天，宾卑聚把朋友们都找来，然后把这个不吉利的梦告诉了大家。最后，他对朋友们说："我自幼崇尚勇敢，性格一向刚正不阿，大半辈子也从没向谁低过头。可昨夜的怪梦让我感到耻辱，心中难以平静。我决定，三天之内要把那个在梦里侮辱我的人找到，以牙还牙。否则，我哪有脸面见各位亲朋好友。"

随后的几天，宾卑聚就带着朋友们在街上寻找梦中的壮士。可是，时间很快过去，三天以后，连个人影都没见到。宾卑聚沮丧地回到家中，长叹一声"天要我亡"，然后，拔剑自刎。

古人常说："智勇多困于所溺。"梦就像镜中花、水中月，都是虚无缥缈的东西。人如果沉浸在其中，任凭自己的思想泛滥，那只会越陷越深，仿佛陷入泥沼之中，无法自拔，而最终还是会害了自己。这个故事告诉我们，梦是那么不靠谱的东西，它是人类所无法追求和追究的虚幻世界，就不应该放在心里。反而，我们需要把握好眼下的、看得见摸得着、实实在在存在的事物，淡定地面对一切。而那些标榜美好的东西，也都是表面的光鲜罢了。

现实世界并非尽如人意，所以，理想让现实变得丰满；但理想不是空想，而是要身体力行，去追求，去实现。于是，人们需要在理想与现实中，一边追求，一边实践。但是，往往这个过程会被名利阻挠，这时候，我们则要懂得敬畏和洒脱，即“内在的敬畏，外在的洒脱”，也就是王阳明说的“从心所欲不逾矩”。虽然生活在现实的社会，但要保持内心的清醒。

一些不着实际的名声，对我们来讲是种负担。带给我们的是沉重、捆绑、压抑，而不是轻松，它会让人忘记初衷，失去自我，与他人格格不入。更甚至，因为贪慕“虚名”而断送自己的前程，与心中的理想渐行渐远。所以，我们不应被“名利”所累，那些莫须有的名声，不应该出现在我们的字典里，无论什么时候，我们都要保持清醒，告诉自己真正想要的是什么。

—— 入乎其内，出乎其外 ——

我亦爱山仍恋官。

——《静心录》

心学即心性儒学，但又不完全等同于儒学，因为心学强调的是生命的灵明体验。也许与佛学有共同之处，但佛学只求出世，而心学却是教人“用出世之心做入世之事”，和儒家“内圣外王”同理。王阳明的一生即是如此，为国操心、为民尽心、教书育人、驰骋骑射，他不是典型的文弱书生，而是文武双全的志士。他的道德品行受人推崇，顿悟深远，在平凡的世界活出了不平凡的一生，深谙出世与入世的道理。

有与无，对王阳明来说是“大无大有”，首先承认先无真实存在的我，而后才是有思想有主见的真我。因此，他对世间万事的态度十分随和。王阳明的诗歌中说，“我亦爱山也爱官”，这就说明，他既对回归自然有着特殊的情怀，同时也有着建功立业的心愿。成化三年，因为外公去世，王阳明跟着父亲王华回到了老家。白天，他和大家一起学习；晚上，自己还会阅读经史子集。大家都夸他勤奋、上进。后来总结出的“彼已游心举业外矣，吾辈不及也！”这也是老子说的“外其身而身存，后其身而身先”。

“入乎其内，出乎其外”是王阳明一生都在遵循的章法。老子说:“我愚人之心也哉，沌沌兮。”这里的“愚”，不是真的愚蠢，而是故意掩饰内心的聪明。“沌沌”，不是真的糊涂，而是跟流水一样，随世而转，自己内心清醒。

每个人生活都有不同的目的。但道家看来，人生是没有目的的，即佛家所说的“随缘而遇”和儒家所说的“随遇而安”。但“随缘而遇”“随遇而安”的同时，不能失去自我，要坚守内心的信念不受约束。“身做人世事，心在尘缘外”。唐朝李泌就是这样一位“超凡脱俗”的人，他“出世心境入世行”的生活态度被人传颂。他那睿智的处世心态彰显了一位政治家、宗教家的智慧，正所谓

“该仕则仕，该隐则隐，无为之为，无可无不可”。

玄宗天宝年间，李泌虽隐居在南岳嵩山，但他时常上书唐玄宗，就当下时政发表自己的看法，颇受玄宗赏识。但是，此举却遭到杨国忠的嫉恨，说李泌的《感遇诗》实际是在借势讽刺朝政，随后，李泌被安置在蕲春郡，然后，他索性“潜遁名山，以习隐自适”。自从肃宗即位起，李泌就一直在肃宗身边，为平叛乱臣贼子立下汗马功劳，虽然他并未担任什么要职，却“权逾宰相”，于是，招来了权臣崔圆、李辅国的猜忌。京师被收复后，朝廷内部的矛盾越发突出，随时都可能招来杀身之祸，当时又因为叛乱基本消弭、天下大局已定，李泌便申请辞官归隐，到衡山修道。直到代宗即位，李泌又被召至京师，并被封为翰林学士。代宗命其破戒入俗，李泌也顺其自然，只是这又招来了权相元载的猜测，于是巧立名目将李泌再次逐出。后来，元载被诛，李泌再次被召回，可是遭权佞忌妒的命运仍然没有逃脱，这次受到重臣常衮的排斥，李泌被迫再次离京。直到建中年间，泾原兵变，危急时刻，德宗又把李泌召回身边。

李泌反反复复地被召回、被逐出，但他并没有因此而放弃自己的追求，他尽自己所能地为苍生社稷鞠躬尽瘁。他的强大，就在于他深深懂得出世与入世的态度和豁达以及开阔的胸怀。江山社稷有难时，他义不容辞，忧国忧民；天下太平后，又毫无眷恋地全身而退。这就是所谓的“其行入世，其心出世”李泌所达到的“顺应外物、无我无己”的境界，正是儒家所提倡的“用之则行，舍之则藏”，“行”则建功立业，“藏”则修身养性，无论身在何处、心在何处都充实而安宁。李泌所处的时代是一个内忧外患的混乱时代，要保全自己，就得远离名利斗争。李泌心中有国，却不被名利所扰，谦退处世，顺其自然，就是他能适乱世常胜不败的原因。

“天覆吾，地载吾，天地生吾有意无。不然绝粒升天衢，不然鸣珂游帝都。焉能不贵复不去，空作昂藏一丈夫。一丈夫兮一丈夫，千生气志是良图。请君看取百年事，业就扁舟泛五湖。”出自李泌的《长歌行》。这似乎不仅是他本人的写照，也是对后人的一种劝诫。

也许，并不是每个人都能做到“用出世心做入世事”，但怎样才算是出世之心呢?

古时候，有一位学识渊博、德高望重的智者，他有一个聪明的小徒弟，但喜欢怨天尤人。这天，小徒弟又在抱怨了，智者说：“你去拿一些盐来。”小徒弟觉得有些奇怪，但也没问，于是到厨房拿了一罐盐出来。师父把盐倒进了一碗水后，命令小徒弟喝下去，小徒弟眉头紧锁着闭上眼喝了一口，师父问：“味道怎样?”徒弟说：“苦涩难耐。”师父笑了笑，自己又去拿了一罐盐和小徒弟一起到了湖边。师父把盐倒进湖里，然后让徒弟喝一口。于是，徒弟用手捧起湖水喝了一口，师父又问：“味道怎样?”徒弟说：“清爽无比。”师父又问：“还苦吗?”徒弟摇摇头。师父摸着小徒弟的头说："人世间的许多事如同这罐盐，放入一碗水中，你尝到苦涩，放入一湖水中，你就能尝到甘爽。所以，要让自己的心变成湖水，而不是一碗水。"

其实，智者是在告诫徒弟，做人做事都不要把自己的心困在一个狭小的空间，心应该和没有边际的大海一样，这样就可以达到出世的境界了。老子说："万物并作，吾以观复。"意思就是：要把"无欲无为"的出世和"治大国若烹小鲜"的入世巧妙地结合在一起。

一个人的成功与否，除了外界的评价，还和自己的心态有关。王阳明既可以"每日宴坐草庵中"，也可以"我亦爱山仍恋官"。所以，出世和入世其实都取决于自己的心态。

追求幸福并成就一番事业是很多人的人生目标，但人生的道路并不是一帆风顺的，面对困难、挫折，大家要能静下心来，把那些虚幻的名利抛诸脑后，懂得"舍与得"的智慧，学会"用出世心境做入世事。"

要深谙处世之道，方圆并济

此心光明，亦复何言。

——《静心录》

王阳明少年时起便立下大志，于是勤读诗书，渴望有一天能为国效力。但初入仕途的他就被人陷害，于是贬谪龙场三年，受尽苦难，但正因为此，他才悟到了受用一生的人生智慧。而后他为国立下大功，声名显赫，他却辞官归乡，教书育人。他这一生没少经历磨难，也享有不少的声誉。他从内心认为自己这一生无愧于百姓，无愧于国家。所以，临死前，他说："此心光明，亦复何言。"

王阳明走得没有牵挂与遗憾，他面对死亡从容不迫，因为他这一生遵循内心的自我而保持着"出淤泥而不染"的禀性。

古语云："处治世宜方，处乱世宜圆，处叔季之世当方圆并用；待善人宜宽，待恶人宜严，待庸众之人当宽严互存。"在太平盛世，处世待人要刚正不阿；在天下纷争的乱世，处世待人应随机应变；在国家衰亡的末世，处世待人要方圆并济、交相使用；对善良的人要仁慈、宽厚；对邪恶的人要严厉；对一般的平民百姓则要宽厚和严厉并用。

方圆之道，就是说当我们生活在一个污浊的现实世界时，要保持“万花丛中过，片叶不沾身”的节操，而不是要远离这个世界。

孔子的理想道德是中庸，是恰当，是不左不右；老子的理想道德是自然，是天地，是天圆地方。两种观念的应用，都会促成和谐、平衡的人生。但是，这种观念应用的前提是，无论外面的世界多么“圆”，都要坚守住自己内心的“方”，这就是不能逾越道德的底线。

“众人皆醉我独醒”式的清高其实我们并不提倡，一个人生活在由许多人组成的世界中，不可能孤独一世。因为，河里的浮萍也需要任其漂泊的流水，更何况几乎没有人愿意做那无依无靠的浮萍。

孙叔敖被人推荐给楚庄王前是位隐士，后来做了令尹（宰相）。因为他的品德高尚，善于引导人民，所以楚国国泰民安。有位孤丘老人很关心孙叔敖，于是问孙叔敖：“位高权贵的人有三怨，你知道吗？”孙叔敖说：“这还真不知道，老人说的三怨是指什么？”孤丘老人说：“爵位高的人，别人忌妒他；官职高的人，君王讨厌他；俸禄优厚的人，会招来怨恨。”孙叔敖看着老人，笑着说：“每当我的爵位越高时，我就告诉自己要谦卑；每当我的官职越大时，我就提醒自己不能有贪欲；每当我的俸禄增多时，我就提醒自己要关心他人，懂得施舍。这样，我可以避免三怨吗？”孤丘老人点点头便走了。

虽然孙叔敖的做法为自己减少了很多麻烦，但也有几次被免职，然后又复职的经历。这时，有位叫肩吾的隐士登门拜访孙叔敖，肩吾问他：“你三次担任令尹，没有什么喜悦之色；你三次离开令尹之位，也没见你有忧郁之色。我不是很理解，于是专程来访你内心的真实想法。”孙叔敖回答说：“我只是个普通的人，每当官职爵禄到来的时候，我不会拒绝，所以它们离开的时候，我也不会阻拦。得失都在一念之间，在我看来，喜悦和忧郁都取决于内心而非外物。再说，官职爵禄也有它们的主人，这个主人不一定就是我啊。主人是别人，说明它们属于别人，与我无关；主人是我，说明它们属于我，与别人无关。随缘自得、顺应自然，何必要和别人攀比呢？人的贵贱都是个人内心的不平衡划分的罢！”

从孙叔敖的话里我们知道，他有一颗方圆之心。他没有被反复的免职和复职扰乱心绪，而是用“来则应，去不留”的淡然心境过着他自由自在的生活。所以待人接物，我们需要有和孙叔敖一样的心。有圆无方，太柔，太柔之人乏魄力、少大志、难有作为；有方无圆，则太刚，太刚易折，所以要“方圆并济”。

“众人皆浊我独清，众人皆醉我独醒”，很多时候只换来了屈原式的含恨离世或是文人式的抑郁不得志。因此，王阳明选择了另一种处世之道“流世俗不合污，周旋尘境不流俗”，这也许才是明智的选择。

在现实生活中有的人因为受了一点委屈就牢骚满腹，愤世嫉俗。他自以为是去四处碰壁，面对挫折不知变通，非常容易自暴自弃，走向极端。所以，懂得“方圆并济”才是正确的处世之道。有时候，外在的环境和约束并不重要，唯有保持内心的正直与高贵才是明智之选。

—— 于沉浮中仍不辱使命 ——

仁心长存焉。

——《官讳经》

世上的每个人都需要承担责任，责任是一种天赋的使命。没有责任感和不敢承担责任的人是可悲的、懦弱的。人生实际上就是很多责任的累积。人的一生，对自己、父母、子女、工作、社会都需要负责任。如果一个人活得毫无责任感，人生该多么无聊。

一个人只有敢于承担责任，才能得到别人的尊敬和信任，获得成就感和自豪感。王阳明一家由余姚搬到绍兴时，他隐居在洞中，按照道家的方法静养，想要远离世俗。但后来他想到家中的老祖母和父亲，以及自己还没有孩子，谁来为自己尽孝道呢？所以，他改变了决定。

责任，是上天赋予人类的一种使命，有责任感的人，要不辱使命而努力。责任不但能激发个人的潜能，还能唤醒人们的良知。责任的赋予，实际是信任和真诚的给予，有责任，实际也成就了尊严和使命。

唐玄宗天宝十四年，“安史之乱”爆发。郭子仪被任命为朔方节度使，他的首要任务是攻克战略重地静边军城，这次任务郭子仪顺利完成，他率军斩杀胡兵七千多，是大唐王朝“安史之乱”后的首次大捷。不久，郭子仪打败史思明，又率兵攻入洛阳，陈兵于天津桥南，朝廷内外为之欢呼，后来又收复了长安，军功卓著的他后被加封为司徒，封代国公。

郭子仪的加官晋爵引来了大太监鱼朝恩的忌妒，他担心自己地位不保，于是不断向唐肃宗进谗言，污蔑郭子仪意欲谋反。虽然唐肃宗不太相信，但迫于形势还是削夺了郭子仪的兵权，让他担任位高权微的官职。出人意料的是郭子仪没有反抗，他欣然接受了这一不公平的处理。

郭子仪的朋友们知道这一消息后，纷纷为之抱不平，要上朝面圣，澄清事实。但郭子仪不同意，他对朋友们说：“现在是国家危难时刻，乱臣贼子尚未剿灭，如果这个时候因为我的事，弄得满朝风雨，朝廷内相互猜疑，这不是正中敌人的下怀吗？到时，国家动乱，民不聊生，我就罪恶滔天了。我选择欣然接受，只是不想这个时候出现内部争斗，只有团结一心才能打败敌人。”

郭子仪为什么被后人景仰呢？很大程度上是因为他不因为个人的沉浮而抱怨，国家危难之际，他知道唯有团结一心，力挽狂澜，不做无谓的争斗，才能一致对外。郭子仪顾全大局、不斤斤计较的态度，实际是一种对国家、对人民负责任的体现。

嘉靖六年，朝廷派王阳明前往广西平定叛乱，当时，他已积劳成疾，身体状况之差，奔波于外已经非常危险了，但在他上书无果之后，他不逃避责任，而是毅然接受任务，立刻起程。不幸的是，一年后，王阳明因病去世。在王阳明看来，责任是人生的累积。当被询问活着的意义时，他用生命回答了这个问题，而答案就是“责任”。因此，“担当负责”是一个人活着最基本的要求。

责任能赐予人们无穷的力量，责任能使落叶归根，责任能使乌鸦反哺，责任能使奥运会上的健儿们奋力拼搏……一个人，能力再大，如果没有责任心，那么这个人将一事无成。所以，罪恶、污秽就算拥有再强大的后盾，一旦遭遇“责任”，他就会像阳光照射到的阴暗角落里的螨类一样无处可逃。

珍惜拥有，乐在其中

终年碌碌，至于老死，竟不知成就了个甚么，可哀也已！

——《传习录》

“格物致知”“知行合一”“致良知”“心即理”“人皆可成圣人”等，是王阳明一生所探求的。他教书育人，热心布道，钻研学问。他认为“不讲学，圣学不明”，因而他也成为当时最“话多”的人。他通过四处讲学、研究学问、撰写诗文等方式，广收弟子，传播文化，培养了不少的文化精英。

生命对于每个人而言意义不同，如实现自己的价值、达到更高的人生境界等，方法之一就是王阳明的布道。繁华都市，热闹喧嚣，忙于生计的人眼中没有大自然的花花草草、蓝天白云、莺歌燕舞，只有霓虹闪烁的娱乐场所，了无生气的钢筋水泥所筑的高楼大厦，还有金钱，人们的视觉和内心被束缚在一个小小的空间。一个没有情感、没有生气的空间，是无法带给人们幸福的。更有之，因此而心生疾病！

一个人只有把自己的心放逐天际，思考长远问题，不被眼前利益所困，才能达到一种很高的境界。生命不问得失，珍惜拥有。人活着的目的不是为了活着而活着，而是要创造一种生活。时间，它不是计算日夜的长度，也不是记录人们的皱纹和衰老；它不是嘀嘀嗒嗒的钟声，不是起床、吃饭、睡觉；它是人们生活的信念，是让人们充实生活的精神食粮。

生命本没有内涵，它是人们在时间里实践后创造的内涵，生命的意义也来自于此。

从前，有个修鞋匠，每天都会去不同的地方给人修鞋。狂风暴雨没有阻挡得了他的去路，饥肠辘辘也无法让他停滞不前。无论太阳是否升起，每天听到的第一声鸡鸣，就是他出发的标记。他的身影总是穿梭在人群中。

十几年的修鞋生活，修鞋匠遇到过文明的客人，也遇到过无赖，他所经手的鞋子，有高档货，也有廉价货，但是无论遇到什么情况，修鞋匠都没有放弃工作，他认认真真地给客人服务，生活虽然清贫，但是他以此为乐。

有时候有人会说：“伙计，你不用那么细心，修鞋嘛，能穿就行了。”这时，修鞋匠总会说：“不认真做好自己的事，我就对不起自己的良心。生活还有什么意思呢？”

“你一定能健康长寿的。”大家都说。

“谢谢，我也觉得是这样。”修鞋匠笑着说。

从这个故事我们看到，修鞋匠是普通而又平凡的一个人，他懂得生活的真谛。他明白自己活着是为什么，所以无论外界的环境发生多大的变化，他都坚守内心的信念，活得有滋有味，乐在其中。

古代圣贤皆有超越生死的观点，但生命对他们来说仍然可贵。就像王阳明一样，生生死死是自然的规律，但生与死都应该有价值，即使是死，也要死得其所，其实，他的意思就是人要活得有意义。

“过一天是一天”“生命就是等死了”……这些悲观消极的态度，让人浑浑噩噩地活着，这类人不愿意做一些有意义的事。他们也根本不知道，热心生活的人，因为过得充实，所以时间的流逝并不可怕，是很自然的事。

人的一生应该怎么度过？是燃烧，还是腐朽，希望将来的我们再回首往事时，没有遗憾。

云水随缘，生死由他

只为世上人都把生身命子看得来太重，不问当死不当死，定要宛转委曲保全，以此把天理却丢去了。

——《传习录》

《易经》是关于天道、地道、人道、社会之道大一统的学问。被贬于贵州龙场的王阳明，生活充满危机，在面临着随时可能性命不保的情况下，他一边研究儒家学问以求物外，一边还研究起了《易经》。

王阳明在最初研究《易经》的时候，并无收获。但随着他的深入解读，慢慢地，他有一种破冰的感觉，这个时期，他内心平静但又满怀喜悦，既看透生死又充满希望。同时，他也领悟到对于一些人一些事不必过分执着，面对挫折与失败，要保持内心的平静笃定。

人有悲欢离合，月有阴晴圆缺，此事古难全。有遗憾的人生才是圆满的，苦乐参半的人生才是最真实的。成功、失败相辅相成，得失乃永远守恒，这才是人生，生生死死都是不可违背的自然规律。

白居易的《适意》曾写道：“岂无平生志，拘牵不自由。一朝归渭上，泛如不系舟。”作者借诗词抒发对自由生命的向往之情。自古文人多风流，不得志时，他们常寄情于山水之间，希望纯净的大自然能净化他们的内心，忘掉烦劳。王阳明也曾如此，寄情于山水之间，表达内心的抑郁。

缺陷是构成幸福人生的一部分，在追求幸福的时候，不能被花花世界迷乱了眼，要认清生活的本质。人的一生好像一只漂泊在浩瀚海洋上的小舟，没有牵系，但又承载着万事万物。

在时空的长河中，一只小舟承载着生命，正缓缓驶来。

小舟里有一个像初生婴儿一样的小生命，他还没有思想，每一天只会睡觉。这天，远方传来一阵声音：“你从哪里来？要到哪里去？”

于是，这个新生命重复道：“我从哪里来？要到哪里去？”

这艘生命的小舟仍然在时空的长河中不断前行。这时，又传来一阵声音：“等一等！我们想要与你一同旅行，请带我们一起！”原来，高兴与悲伤、爱与恨、善与恶、得与失、成与败、聪明与愚蠢在那边呼唤，然后一同登上了小舟。

高兴从小舟的前方登入，悲伤从小舟的后方登入；爱从小舟的左边登入，恨从小舟的右边登入……慢慢地，这些人生的伴侣们在不同的时段都上了船，明显地，这艘生命小舟变得沉重了，但小舟中的气氛变得活跃了，有哭、有笑、有喜、有悲，小舟被这些伴侣们感染着。

这时，又传来一阵声音："等一等，还有我们。"循声望去，清醒与糊涂、路人与朋友携手游来。清醒和路人都上了小舟，糊涂和朋友却迟迟不肯上去。

"朋友！糊涂！怎么了，快上来呀，我们要起程了！"不知是谁在喊着他们。朋友说："不！糊涂要先上去才行，否则，生命容不下我！"糊涂说："不！他们都不喜欢我，我也不想上去。"这时，船中的生命说："糊涂，请上船吧！你对我来说很重要。没有你，我就得不到朋友；没有你，我也一事无成。"

糊涂犹豫了一会儿终于还是上了船，朋友紧跟着也上了船。生命之舟，载满伴侣，在时空瀚海里前行。

忽然，有一天，后面又传来一阵声音："等等我，我可是一直在追随着你啊！"这是什么，这是死亡的呐喊声。

死亡一路追赶着生命小舟，生命小舟却没有停下来，也许是生命装作没有听见死亡的呼喊，也可能是生命根本不愿意听见死亡的声音，生命小舟毅然冲向前方，任凭死亡在后方寸步不离。飘摇的生命小舟，它那载得满满的船舱，已经无法卸下任何东西，高兴与悲伤、爱与恨、善与恶、得与失、成与败等，它们陪着生命在人生的每一个时刻前行。

山山水水系不住生命之舟，个人的意志也是无法被系住的，而每个人的生命都是一条独有轨迹，无法彻底改变，只能尽力圆满。如果想要得到幸福，请不要拒绝承认生命中那些必然存在的缺陷。

王阳明还小的时候，母亲便去世了。当时在京城的他，听到噩耗时痛不欲生。对王阳明来说，母亲的去世以及父亲在京城的新家，都是一种嘲讽。因此，生与死，成了他思考的问题。

王阳明觉得，生死之间的距离跟纸一样薄，但是生与死到底是什么，他还不清楚。随着时间的推移，他也逐渐长大，慢慢地经历着生命的种种，后来，他明白人的思想意识才是支撑生命的体系。而这种意识是对养生的重视。人的生死都是顺应自然的，唯有注重养生之道才能让生命持久，让死来得晚一些。

生生死死都不在人类所能控制的范围内，生死是每个人都需要面对的两种状态，它不会以人的意志为转移，生命到了终结的时候，人生就该闭幕了。但闭幕并不意味着什么都没有了，那些曾经的欢声笑语还是会留在人们心中。人生的意义正在于制造那些欢声笑语的过程。

死亡其实可以理解为是生命的升华，含笑而逝，是一种超然旷达的生命观。人生犹如不系舟，生死有命，富贵在天，既来之则安之，生也好死也罢，一切随缘，淡然处之，珍惜眼前的一切，过好每一分每一秒。

浮华终究落幕，简单至上

自视听言动，以至富贵贫贱、患难死生，皆事变也。事变亦只在人情里。

——《传习录》

印度诗人泰戈尔有首诗曾说:“生如夏花般绚烂，死如秋叶般静美。”人生归根结底就是一个从绚烂归于平淡的过程。生，如夏花般极尽绽放。因为来日方长，便喜欢热闹与繁华，好奇心十足，那些新鲜刺激的事物充满诱惑，生命被肆意挥洒，填满人生。死，如秋叶般安静寂寞，随风飘落。因为时日无多，终于明白所有的美好都那么短暂，过后都是一场空，生命越发脆弱时，思想终于平静下来，远离喧嚣，归于平淡。

王阳明痴迷于“致良知”“格物致知”“知行合一”以及超脱生死之境。所以当他为朝廷多次立功被提升时，他总是推辞。因为在他心中，这些名利终究都是一场空。

烟火虽美，稍纵即逝。生命的魅力究竟在哪里呢？在于向死而生，在生命终结时获得恬淡、视死如归、从容不迫的心态，它让人卸下了生命和心灵的重负，获得从未有过的轻松与愉快。

生命的长度，无法知晓，亦无法改变。向死而生，死如再生，对生死我们都应该有足够的心理准备，无须勉强，跟大自然的花花草草一样，泰然处之就好。

子夏问曰:“‘巧笑倩兮，美目盼兮，素以为绚兮。’何谓也?”子曰:“绘事后素。”意思是说：子夏认为，“巧笑倩兮，美目盼兮，素以为绚兮”这三句话的形容太过分了，所以他问孔子这三句话是什么意思。孔子便说，绘画完成以后才知道素色的可贵，即“绘事后素”。

子谓卫公子荆，“善居室。始有，曰:‘苟合矣。’少有，曰:‘苟完矣。’富有，曰：‘苟美矣。’”孔子十分推崇卫国一个世家的公子荆对生活的态度、思想以及个人的道德修养。以修缮房屋为例，当房屋修缮得刚可住时，公子荆便说，能住人就行了。后来，又修缮了一部分，公子荆就说，很好了，不必太奢华了。后来，又继续修缮，公子荆又说，这样就完美了。

国学大师南怀瑾阅读这两个故事后说：以现代人的观念来说，这两个故事阐述的哲理都是平平淡淡才是真；而从艺术方面来说，一幅画，画布被填满了也就没有艺术的价值了；一间房子，被塞得满满的就不适合居住了。所以要“留白”，过分沉迷于繁华、喧嚣，终会换来失望。

初生的婴儿两手空空，却被教会让双拳紧握；等到老去离世时，却又要让其双手摊开，两手空空地离开……如果能明白这个道理，就能超然物外，不被外物所累。

如果一个人能像王阳明一样参透人生的大问题——“生死”，他就能像王阳明一样，坦然面对生活的坎坷，在病危时还笑着说：“此心光明，亦复何言！”那么这个人就不会被外界的环境所侵扰，就能保持内心的笃定，不浮躁。当然，领悟到与万物一体的真实性后，才能懂得生死的奥秘。

时间是无情的，它匆匆来，又匆匆走，没有人能察觉它的动向，生命很快就走到了尽头。人生需要简单的心才能找到快乐，如果一个人自欺欺人地生活，爱慕虚荣，那么他的欲望永远也得不到满足，人生对于他就没有乐趣了。人世间的荣华富贵好比童话故事里的红舞鞋，散发着致命的诱惑力，穿上了便舍不得脱下来，跳到疲惫与厌倦，舞步仍然在不停地移动。等到当生命的舞步结束时，红舞鞋终于被脱下，这时才发现，红舞鞋曾带来的光环消失后，给自己留下的只有空虚、疲惫。

最美好、最幸福的生活与物质无关、与繁华无关。很多人为了浮华的生活，盲目地追去，最后才发现，那根本不是自己想要的，舒适的感觉不复存在。人生如烟火，虽美却短暂，而终会归于平淡，所以要追求一颗简单、通透的心，才能感受到生命的力与美。

第九章

立志不坚，终不济事

——听王阳明讲立志之心

—— 先立志，再成事 ——

志不立，天下无可成之事，虽百工技艺，未有不本于志者。

——《教条示龙场诸生》

不立大志，天下就没有可以成功的事，即使是学习各种工匠技艺，也没有不立下志向便能成功的。

王阳明的意思是：志向的立定，是做任何一件事的基础，即使像是那些木工、书法、弈棋等工匠技艺，也要有学好的决心，才能有所造诣。

当今社会很多人因为没有一个明确的目标，所以对学业毫无追求，游手好闲、无所事事、浪费时间、浪费生命。

生命因为有追求而变得与众不同。当你立志要成为一个圣人或贤人时，就会全力以赴地追求、探求圣人之道和贤人之道，然后，成为一个圣人或贤人。如果你对生命除了生存外别无他求，就会像断了线的风筝，失去方向之后开始坠落。

也许你不知道，一个人的潜能往往都超出了自己的估计，可以完成一番事业，只是因为对自己的不信任和放纵，没有树立一个具体的、正确的志向，将自己的潜能就此埋葬，浑浑噩噩地过日子，觉得时间就是用来浪费的，丧失了对生活的热情。

因此，在决定要甩手大干一番时，要为自己打一针强心剂，唤起更大的潜能，用一种积极向上的心态面对以后的每一天。

《传习录》记录了这样两个故事：

有一天，萧惠向王阳明请教圣人之道。王阳明说："圣人之学很简单，生活中随处可见，你总问我不应该怎样，而不愿听我对生活的感悟。"

萧惠很惭愧，于是向王阳明认错，表示愿意听他说的一切。王阳明说："你现在所说的并不是你发自内心的，你只是为了敷衍我。还是等你真正立志要做圣人之后，再问我吧。"

萧惠不甘心，于是再三地请教。王阳明说："我已经给你说了，而你还没领悟到！"

王阳明所说的就是要有一颗真诚的要成为圣人的心。坚定了志向，剩下的就简单得多了。

王阳明的学生应元忠有一个浙江学生，这个学生因为跟应元忠学习后对有些问题还是不明白，于是，长途跋涉去拜访王阳明，希望能从先生这里得到开化，学习心学。

王阳明问他，从应元忠那里学到了什么。

他回答："没有什么特别的，除了每天都告诉我要有成为圣贤的决心，不要放任自流。"

王阳明听他这么一说，觉得学生已经学到圣贤之道的方法了，自己也没什么可再教授给他了。

学生觉得自己并不懂圣贤之道，于是，再三恳求王阳明教他。

王阳明说：“你一个人从浙江过来，路途十分遥远，一路上你也遇到不少的困难，但是你并没有因为旅途未知的坎坷而半途而废，是不是有人强迫你呢？”

学生说：“我因为对一些道理不明白，所以想投身于先生门下学习，虽然路途劳累，十分艰难，但是我不觉得辛苦，反而我的内心却无比愉快。旅途中的这点劳苦比起要想学的决定就太渺小了，根本用不着别人来强迫我！”

听学生这么说，王阳明抚须而笑：“你所说的证明你已经得到了你想要的答案。你有投入到我门下学习的志向，根本不需要任何人告诉你要怎样来，你就越过千山万水，长途跋涉，克服一切困难来到这里。如果你发现内心想成为一位圣贤，用这种坚持不懈的方法就能达到。别人能告诉你什么呢？你为了到我这里来，克服重重困难的方法，没有人教给你，但是你还是做到了。”

经过王阳明这么一说，学生才恍然大悟。

心态，对于一个人来说很重要。其实可以说，心态决定了一个人的成败。因为如果下定决心，人就会尽一切努力去实现它、完成它。

锁定目标，全力以赴

为学须得个头脑，功夫方有着落。纵未能无间，如舟之有舵，一提便醒。

——《传习录》

王阳明认为，无论是学习还是修身养性，都要有重点，这样实施起来才更有效果。虽然，偶尔会有力不从心的感觉，但只要心中有指南针，那就不会迷失方向。

一个人想要有所成就，明确人生目标是必不可少的。有的人虽然聪明，也有很大的潜力，但他们心中无数，没有目标，得过且过，根本无法集中精力去争取成功。一个人，一旦发挥了潜力，就会把全部精力集中在一个具体的目标上，所以从某种意义上说，明确的目标会帮助你集中精力。另外，当你内心特别想要完成一个目标时，你在这方面的潜能将会进一步激发。这样，你最终会将自己的才能和潜力最大限度地激发出来，从而有一番作为。

春秋战国时，越王勾践在被吴王夫差打败后，不得不低头认输，忍辱负重到吴国为奴仆。

后来，勾践得到赦免，被释放回国后，他奋发图强，立志雪耻。于是，他用粗柴做成床，把苦胆悬挂在屋梁上，为的就是尝苦胆而激励自己，以此，不忘记曾熬过的苦日子，立志一洗雪耻。

因为有这个目标的激励，勾践不顾身份，亲自下地耕作，夫人也和普通农妇一样在家织布，吃得很清淡，穿得很简朴。勾践体恤民情，特别爱惜人才，和贤能的大臣们共商国事。

就这样，越国日益强大起来。机会终于来了，勾践率兵打败吴国，从此留下了“苦心人，天不负，卧薪尝胆，三千越甲可吞吴”的千古佳话。

从勾践的故事我们可以看出，一个人能否取得成就和自身所具有的才华关系不大，起关键作用的是是否具有一个明确的、具体的、远大的目标。只有确定了心中的目标，人的潜能才会被激发，达到一个前所未有的状态，促使自己克服一切困难去完成目标。

而且每当一个人确定了明确的目标，生活中那些琐碎、繁杂的事情在他看来，都是对自己的考验，是通往成功的必经之路。生活和工作就融为了一体，生活就是工作，工作就是生活。曾经有位大科学家被问起：“你为了这个研究，工作了几十年，难道不辛苦吗？”科学家笑着说：“我为什么会辛苦呢？我在做我喜欢的事，我在过我想过的生活，我生活的每一天都充满乐趣。”

每一个人蕴藏的潜力都是巨大的，一旦他们找到人生的目标，就会热情、疯狂地追逐，为了实现目标，一切问题都可以解决，一切苦难都可以克服，蕴藏的每一分潜力都会被激发，对工作和生活都充满热情，工作不是负担而是一件快乐的事。

那些所谓的天才，对待事业的态度就是忘我的，所以对事业的热情，让他们也得到了应有的回报，创造了奇迹。

这种对工作、对生活的热情，成为了实现自我的巨大动力。一个人如果把精力倾注于一个具体的目标，他的灵魂就能实现超越，那些障碍就会变得渺小，成功就是必然。

立志，要有正确的方向

何廷仁、黄正之、李侯璧、汝中、德洪侍坐，先生顾而言曰：“汝辈学问不得长进，只是未立志。”侯璧起而对曰：“珙亦愿立志。”先生曰：“难说不立，未是必为圣人之志耳。”

——《传习录》

何廷仁、黄正之、李侯璧、王汝中、钱德洪陪王阳明坐着。王阳明看了看他们，然后说：“大家因为没有明确的向志，所以学问没有长进。”李侯璧站起来答道：“我愿意立志。”王阳明说：“你是立下了志向，但不是立志要做一个圣人。”王阳明的意思是，正确的志向很重要而且要符合客观规律。

下面，我们来看一个“南辕北辙”的故事：

古时候，有一个人，他打算从魏国到南面的楚国去。但这个人不听劝告，让车夫向北方驰去。

一路上，知道他要去楚国的人都告诉他，应该往南走才能达到目标。

但这个人非常固执，根本听不进别人的话，认为自己有足够的力量就一定能到达楚国，所以在一开始就错了的情况下，继续错下去。

这个故事告诉我们，在准备做一件事的时候，一定要慎重地考虑，务必确立一个正确的方向，这样才能充分地发挥自己的潜能。如果方向不对且不知改正，一错再错，那么潜能就算被激发，也只会起到相反的作用。在现实生活中，立下一个正确的志向常常决定了一个人的命运。

公元前206年，刘邦率军最先进入关中，到达灞上，秦朝灭亡。随后，他与项羽的矛盾越来越大，“楚汉相争”持续多年。

数年之间，刘邦麾下的大将韩信，英勇善战，驰骋沙场，收复了齐国，居然功高自居，让刘邦封自己为齐王。

之后，韩信的势力日益强大，项羽企图挑拨韩信和刘邦的关系，派了一位名叫武涉的说客去韩信那里，劝说韩信自立为王，但被韩信断言拒绝。

故事到这里，已经形成一个未解的千古之谜：韩信为什么会选择不背叛刘邦，这其中的原因究竟是什么呢?

面对这个历史之谜，专家学者们仁者见仁、智者见智，有人从韩信对蒯通说的话里找到了答案："汉王对我的恩惠，我无以为报，他把他的车子、衣裳、食物都跟我分享。常人道，坐人家的车，就要分担人家的祸患；穿人家的衣，就要想着人家的忧患；吃人家的食，要为人家的事业效力。图谋私利、背信弃义，我怎么做得到呢？"

但是之后，韩信的表现跟他所说的这番话似乎又在告诉我们，他不愿意背叛刘邦另有他因。

我们来看看韩信后来的表现。

刘邦打败项羽后，改封韩信为楚王，但没收了他的军权。不过韩信还是很满足，如果后来没出什么事，韩信他也许就这样过下去了。

后来，因为韩信收留了项羽的旧将钟离昧，于是被别人诬告谋反，韩信由此被刘邦设计逮捕，被贬为淮阴侯。

韩信不承认自己谋反，当然接受不了这样的处罚，常常托病不参加朝见和侍行。从此，他开始日夜怨恨，整日郁郁寡欢，以和绛侯周勃、颍阴侯灌婴处于同等地位感到羞耻。

有一次，韩信去拜访樊哙，来时和临走时，樊哙跪拜他，且自称臣子，还说："大王竟肯光临寒舍！"韩信出门后，笑着说："没想到，我居然和樊哙这样的人为伍了。"

这样的压抑让韩信以后终于萌发了反叛之心，这时的他毫无周密的计划和策略，不顾手中已无兵权，铤而走险，与他人合谋发动叛乱，结果招来杀身之祸。

由此，韩信当初不肯背叛刘邦的真正原因，就另有说法了。这一切都是他的志向所致。据司马迁在《史记·淮阴侯列传》一文中说：我有一次到淮阴，听见淮阴人说，当韩信还是平民百姓时，他就显得野心勃勃。他母亲去世时，他家中贫寒，根本无法埋葬，可他还是到处找宽敞的坟地，让他母亲的坟墓旁可以安置万户人家。从韩信找地葬母这件事就表明了他要出人头地的志向。只是，如果相信自己的话，坟地什么样又有什么关系呢?

一心为名为利的韩信在当齐王时，虽然手握重兵，但他对自己没有信心，深恐自己一招不慎，满盘皆输，把“一人之下，万人之上”的地位丢了。因此，无论被人怎样说，他都不敢轻举妄动。

直到后来，被人诬告、不被刘邦信任，官职从“王”被降为“侯”，心里失去平衡，终日抱怨，才发展到了谋反的地步。

从韩信的生平可以看出，一个人如果立下不正确的志向，未来的每一步都是危险的。

目标，人生的动力

志不立，天下无可成之事，虽百工技艺，未有不本于志者。

——《教条示龙场诸生》

王阳明曾说过：“一个人要想成就一番事业，就要先立志。”

人们常说，一个人的志向决定了一个人的高度。“燕雀安知鸿鹄之志”。鸿鹄要展翅高飞，翱翔于九天之外，将天下尽收眼中；燕雀因为没有那么远大的志向，所以对自己能够触及榆树就已经心满意足了。

王阳明之所以能成为一代大儒、响彻古今中外的心学大师，就是因为与他立下的远大志向息息相关。即便在这个过程中他受到种种磨难，但也没能摧毁他的意志。其实，除了王阳明，古往今来，那些有所成就的人都有远大的志向，知道自己想要什么，然后向着目标努力奋斗。所以成就事业，立志是十分重要的。

我国西汉时期杰出的军事家和外交家班超，从小就胸怀大志，不拘小节。汉明帝永平五年（62 年），班超和母亲跟随被聘为校书郎的哥哥一起到洛阳。因为他字写得很好，刚劲有力，所以被官府雇用，以抄写文书谋生。班超很珍惜这份工作，起早贪黑地抄写文书，非常认真。

当时，北方的匈奴时常侵犯汉朝的边境，边境人民生活十分艰难，班超对此特别愤慨。同时，他又看到西域各国与汉朝绝交50多年了，谈和是不可能的，整日忧心忡忡。有一天，他正在抄写文书，突然，他觉得自己是在浪费时间，这份工作实在太无聊了，想到自己远大的志向，他站起来，将毛笔狠狠地掷在地上说："我身为大丈夫，怎么能抄抄写写地浪费生命呢？我心中的理想何时才能实现呢？为什么不像傅介子、张骞那样，为国家做贡献呢？"此时，周围的人笑他异想天开，班超则回应说："燕雀安之鸿鹄之志？"于是，他决定"投笔从戎"，要成就一番事业。

后来，班超凭借自己的聪明才智，成为一名将领，在对匈奴的战争中取得胜利。接着在他的建议下，朝廷派人出使西域，重新打通了丝绸之路，他也因此成为我国历史上杰出的外交家，流芳千古。

班超之所以能取得如此大的成就，正是因为他敢于放弃不正确的选择。把自己的思想境界和人生志向提升到一定的高度，然后激励着自己向目标前进。可见，志向对于一个人是何等的重要！

王阳明认为："志不立，如无舵之舟，无衔之马，飘荡奔逸，亦何所底乎？"明代思想家程颢说："治天下者必先立其志。"明代文学家冯梦龙有言曰："男人不展风云志，空负天生八尺身躯。"

宋代文学家苏轼则说：“古之立大事者，不惟有超世之才，亦必有坚忍不拔之志。”法国古典作家拉罗什富科认为：“一个人如果胸无大志，即使有壮丽的举动也称不上伟人。”英国作家塞缪尔·迈尔斯也说过：“人若有志，万事可为。”由此可见，志向对人生的引导作用是古今中外许多名人所推崇的。人生短暂，光阴易逝，要想使自己的人生充实、有意义，就应该胸有大志，所以要早立志、立大志。

立志不移，坚持不懈

只念念要存天理，便是立志。能不忘乎此，久则自然心中凝聚，犹道家所谓“结圣胎”也。此天理之念常存，驯至于美大圣神，亦只从此一念存养扩充去耳。

——《传习录》

中国有句古语说得好：“志不强者智不达。”法国军事家拿破仑也曾说：“不想当将军的士兵不是好士兵。”所以，树立远大的志向是人生中的一件大事，非常重要，它是人生是否丰收的前提。人们所说的大志是把自己的志向和国家、民族利益联系在一起的，因为一个人要实现自己的理想，离不开国家的富强、民族的团结。

王阳明从小立志做圣贤之人。他 12 岁时，在书馆里问老师：“人生第一大事是什么事？”老师回答说：“饱读诗书，金榜题名。”王阳明摇摇头，说：“这可能不是人生第一大事吧。”于是，老师反问他什么才是人生的头等大事，王阳明说，通情达理，做圣贤之人。

12 岁的王阳明对人生的认识可以说十分深刻，也很正确。但是，在那些被世俗化的大人们看来，年幼的王阳明似乎有些猖狂，甚至还有一点滑稽可笑，但就是这样一个崇高的志向，才让王阳明在以后的人生中取得巨大的成就，他在思考和实践的过程中，从未忘记自己的初衷，使之成为自己奋斗的动力，最终开创了心学。

翻阅历史，我们不难发现，成功的人都立长志。岳飞，从小便立下“精忠报国”的志向，虽然他英年早逝，但有生之年为国尽忠。周恩来，从小立志“为中华之崛起而读书”，之后通过自己的努力，成为新中国卓越的领导人，一生都在为振兴中华而努力。因此，我们应该向那些优秀的人学习，努力向上，树立远大的志向，并为之奋斗不息。

一百多年前，在广东香山翠亨村的一棵大树下，一位老人在给一群孩子讲太平军与清政府作战的故事。故事刚讲完，就有一个孩子攥紧拳头，站了起来，他饱含热情地称赞洪秀全是反清大英雄，并发誓要做“洪秀全第二”。这个小孩，就是后来推翻清王朝统治的同盟会的首领孙中山。

在那个战火纷飞的年代，人民生活疾苦，孙中山联合反清志士，在檀香山成立了中国第一个资产阶级革命团体兴中会，推动了中国的资产阶级民主革命运动，动摇了清政府的腐败根基。

在那些众多的听故事的孩子中，有要做“洪秀全第二”梦想的孩子只有孙中山，少年立下志向，并为之奋斗终生。最终，他实现了自己的理想，并超越了这个理想：太平天国领袖洪秀全虽然实现了皇权之梦，却终究还是没能改变社会，而孙中山却推翻了前面的封建社会，开创了一个崭新的时代。

早立志、立大志，可以让你拥有一个充实的人生。正如中科院吴传钧院士所说：“人生短暂，工作为志，乐观为勤，不仅要早立志，而且要立大志，发愤图强，贯彻其中，必有收成。”

寻找适合自己的人生轨迹

子夏笃信圣人，曾子反求诸己。笃信固亦是，然不如反求之切。今既不得于心，安可狃于旧闻，不求是当？就如朱子，亦尊信程子，至其不得于心处，亦何尝苟从？

——《传习录》

在王阳明看来，过于崇拜圣人是不可取的，因为这样容易禁锢自己的思想，丧失自我思考的能力。他曾经对学生徐爱说：“子夏对圣人十分笃信，曾子却时常自我反省。圣人固然有他们的优势和可取之处，但比起自己反省、探求真理就显得单薄了。如果你心中不明白，怎么能因循旧说，不自己去探求真理呢？朱熹虽然尊崇程子，但一些不明白的地方，他却自己独立思考，有不一样的见解。”

古人崇拜圣贤，就是今人“偶像崇拜”。所以，偶像其实自古有之，其含义因时代的变迁而有所不同。就儒学思想而言，偶像一词，更多的是比喻在人们心目中地位特殊、具有神秘力量的象征物。这种象征既可以有形也可以无形，既可以是佛像也可以是活生生的人物。但他们的本质一样、功能一样，就是供人仿效、提供精神力量。然而，过度盲目的崇拜，也可能导致崇拜的自我迷失。

人们崇拜偶像的目的，是要为自己树立一个好的榜样，以求完善自我。而那些被视为偶像之人，他们取得一些成就得到了大家的认可，所以成为世人的榜样，他们的存在不是要独占鳌头，而是希望后来者能取其精华去其糟粕，有所超越。如果因为对偶像的崇拜太过盲目，那就成了一味地模仿，生活就不会带给你所追求的。

圣人与天地万物、芸芸众生并没有本质上的区别，选择适合自己的，为我所用。因此，对于偶像，我们要有取舍，懂得适度，要相信不要迷信。否则，盲目地崇拜偶像就会成为成功路上的绊脚石，让我们离成功越来越远。

昂山素季是缅甸提倡非暴力民主的政治家。1990 年她带领全国民主联盟赢得大选的胜利，但选举结果被军政府作废。其后 21 年间她被军政府断断续续软禁于其寓所中长达 15 年。1995 年昂山素季刚获短暂自由，丈夫阿里斯和孩子们到缅甸来探望她。在阳台上，阿里斯对昂山素季讲:“你现在很出名，有很多人崇拜你”。昂山素季说:“我不喜欢被人崇拜，我有很多弱点，但我会不断努力。因为，圣人，就是不断努力的罪人。”

每个人心中都有让自己钦佩的偶像，如果每个人都把偶像捧得很高，把偶像的所有都看作是优点，那也是容易出问题的。人们会忽略真正属于自己的人生方向，盲目崇拜，把别人的人生当作是自己的轨道，结果适得其反。

王阳明当初很崇拜朱熹，在钻研朱子学说的同时，他还仿照朱熹提出的格物致知理论“格竹”。结果，这种盲目的模仿，让他不但没有悟出道理，反而落得一身病痛。这次体验让王阳明对朱子学说产生了疑问，他不再盲目模仿，而是有选择性地钻研，走上了自己的学术探索之路。

圣人、偶像固然好，但并不是人人都适合复制他们的人生轨迹，更好的是有选择性地向他们学习某方面的优点，以此来激发自己的斗志，充分发挥自己的潜能，不要过分地崇拜圣人，使自己画地自限。

好高骛远，终会跌倒

后儒不明圣学，不知就自己心地良知良能上体认扩充，却去求知其所不知，求能其所不能，一味只是希高慕大，不知自己是桀、纣心地，动辄要做尧、舜事业，如何做得？终年碌碌，至于老死，竟不知成就了个甚么。可哀也已！

——《传习录》

在王阳明看来，后世的很多儒生根本没弄明白圣人的学说，也不知道体察扩充自己的良知良能，反而去追求一些自己不了解的事物，不顾实际情况，去做自己不能做也做不好的事情，这时，求知变味了，成了好高骛远、爱慕虚荣的人。这就好比桀、纣要做尧、舜的事业，怎么可能呢？碌碌无为直到老死是唯一的结局，这样的人很可怜！

这其实是告诫人们要有自知之明，在确立人生方向时不要好高骛远，而要量力而行，才不至于招致失败。

许多人在确定人生志向时好高骛远，给自己定了异常远大、不切实际的目标，这种违反自然规律的行为，实施起来十分困难，结局也只会使自己失望、深感挫折而已。要知道，每个人都是有极限的，最好不要为自己制定超过极限的目标。

在一座深山里，有一位高僧隐居于一座千年古刹中。很多人慕名而来，有的人想求高僧指点迷津、点化心智，有的人想拜高僧为师，学习武功。

当他们来到深山时，正巧高僧从山谷里挑水回来，而两只木桶里的水都没有装满。

按他们的想象，高僧挑的应该是大桶，而且挑得满满的。

于是，他们不解地问："大师，这是什么道理？"

高僧说："挑水之道并不在于多，而在于够用。贪婪只会适得其反。"众人仍然疑惑，于是，高僧让他们中的一个人，从山谷里挑满满的两桶水回来。结果，那人挑得非常吃力，摇摇晃晃，没走几步，就跌倒在地，水洒了不说，那人的膝盖也受了伤。

"水没了，还得回头重新挑去；膝盖受伤，水挑得更少。"高僧说。

"那么大师，究竟应该挑多少水呢？"

高僧笑道，指着桶里说："你们看。"

原来，桶里画了一条线。

高僧说："这条线就是桶的底线，水绝对不能超过这条线，这是水桶能够承受的极限，是人能力之内所能够控制的。一开始会常看那条线，挑的次数多了，不用看就能感觉到合适了。这条线实际是在提醒我们，凡事要尽力而为，量力而行。"

众人又问："那么底线应该定多低呢？"

高僧说：“一般来说，量力而行，但不要过高，因为低的目标容易实现，而且比较容易能培养起更大的兴趣和热情，循序渐进，慢慢地就会挑得更多、更稳了。”

现实生活中，像上文中那个洒了水、又受了伤的人很多，他们好高骛远、急功近利，结果却往往事与愿违。道理很简单，简单到大家对它几乎已经忽略，根本不会把它运用到生活中。大多数人都有着美好的梦想，希望自己拥有名誉、地位、财富。遗憾的是，真正能做到的人总是少数。大多数人都太不切实际，不懂收放，将自己陷入痛苦的泥潭里。

每个人的心里都要有一把秤，对自己的评价要公正、公平、不轻不重，因为只有把握准确，才能实事求是、恰如其分地感知自我、完善自我。因此，在树立心中的志向时，要问清自己想要什么、应该要什么、可以要什么。懂得量力而行，再朝对的方向持之以恒，获得成功。

第十章

知是行之始，行是知之成

——听王阳明讲知行合一

排除干扰，朝着锁定目标前进

爱因未会先生"知行合一"之训，与宗贤、惟贤往复辩论，未能决，以问于先生。先生曰："试举看。"爱曰："如今人尽有知得父当孝、兄当弟者，却不能孝、不能弟，便是知与行分明是两件。"先生曰："此已被私欲膈断，不是知行的本体了。未有知而不行者。知而不行，只是未知。"

——《传习录》

徐爱因为没有领会到老师知行合一的真谛，与宗贤、惟贤两人反复辩论，仍然不能决断，于是向老师请教。王阳明说："你举一个例子来看看。"徐爱说："从小我们就被教育要孝顺父母、尊敬兄长，但并不是所有知道这个道理的人都能做到孝顺父母、尊敬兄长，所以，知和行是两件事。"王阳明说："你说的这种情况是因为人的心被世俗化后，变得自私，偏离了知行的本体。那些所谓知道道理却无法实行的人，实际上根本没有正确认识道理。"

现实世界诱惑太多，人的内心会受到很多考验，有时，因为各种利害关系的束缚，人们无法跟随自己的内心去做自己想做的事。

在一家大公司，有一个年轻人负责公司宣传工作，公司环境十分舒适，他的待遇也很好。但随着时间的推移，他发现自己的生活没有了激情，对现在这份简单事情重复做的工作感到枯燥无味。他一方面想辞掉工作，去做自己喜欢做的事，另一方面他又舍不得这份工作眼下为自己带来利益。

时间一天天过去，这个年轻人每天都做着自己不喜欢的事，内心也无比纠结。有一天，年轻人遇到了一位朋友，那位朋友告诉他，自己已经决定辞去医院的工作，准备下海经商。

朋友见他心事重重的便问他怎么了。

年轻人把自己现在的状况和内心的纠结一一地说出来。

朋友听后，没有马上安慰年轻人，而是指着自己下巴的一处刀痕，说:“你看，今早上刮胡子时不小心划伤了。”

年轻人觉得奇怪:“不会吧，你做医生的，对手术刀的控制力可是一流的啊！”

朋友哈哈一笑，解释说:“不理解吧？一开始，我和你一样，我为很多病人做过手术，手术刀被我运用得游刃有余，我怎么会失手划伤自己的脸呢？实际上我离上一次摸手术刀的日子都两个多月了。”

年轻人“哦”了一声，朋友又说:“现在大家都在追求安全感，可是很多人都不知道，真正的安全感究竟来自哪里？一位管理专家曾说过，工作能解决一时的温饱，但工作本身却无法为人们带来安全感。只有具备良好的心态、扎实的功底、精湛的技能、富有创意的头脑与适应能力，才能让一个人内心强大、安定、充满自信，所以，真正的安全感来自于自己的能力。”

朋友的一席话让年轻人恍然大悟，很快，他就辞去工作，开始专心写作。现在他的稿酬比他以前的薪水高多了。更重要的是，他做着自己喜欢做的事，很享受工作带来的乐趣。

有时候，我们很想去做一件事，但是得不到周围人的支持，冷嘲热讽也纷至沓来，面对这些非议，大多数人都会选择放弃，尽管那件事是自己喜欢的、一心想追求的。当我们的心受到外界环境的干扰、一些利害毁誉影响的时候，我们就变得优柔寡断、寸步难行。

所以，我们想要去做某件事的时候，我们要反复问自己，到底想要什么、应该要什么、能够要什么？

这时你需要放下杂念，也不要考虑别人的眼光，要安静下来，与心灵对话，倾听内心真实的自己，遵照它的意愿去做事。

我们的“本心”，就是知行的本体，在整个生命系统里占着举足轻重的领导地位，功能无比强大。这和《黄帝内经》上说：“心者，君主之官也，神明出焉。”如出一辙。一个人假如能以本心作主，不受外界事物的干扰，就不会出现“心里想往东，脚却迈向西”的情况，就能达到“意识之所到，行为即从之”——知行合一的境界。

“知行合一”是有讲究的，务必要将内心世界净化，除去杂念，内心如泉水一样清澈。

那么，究竟要怎么做才能净化心灵，把遮蔽知行本体的垃圾清除掉呢？我们可以从“止观”入手。

“止”，即是止住内心那些乱七八糟的念头，要静下来；“观”，就是正视自己的真心，体察心之本体。“止观”是一种内心活动，不论什么时候、做什么事，我们都可以刻意地锻炼自己的心。

我们必须知道“本心”是无形的，它是一种神奇的力量，是外界事物所改变不了的，但这种神奇力量只能在内心纯净的状态下化作智慧和能力，在生活和工作中表现出来。

八大山人曾说：“静几明窗，焚香掩卷，每当会心处，欣然独笑。”意思就是：秋夜时分，明月皎洁，四处一片寂静，此时，人的内心是十分平静的，思维是活跃的，如行云流水，自由自在。就算偶尔有世俗杂念涌上心头，人也不会理会，更不会为此烦恼。人把自己的心放进宁静的大自然中去享受上天的恩赐，放下万千思绪去领悟大自然的奥秘。

只要你的心够坚定，那么那些纷繁的杂念根本无法动摇你。不看它、不听它，待久了，杂念无人理睬，自讨没趣，便会失去存在的意义，然后消失在你的心中。时间一长，你的大脑也变得跟心一样平静。

此时，不要瞻前顾后地思考那些利害关系，而是在这种宁静的状态中，打开自己的真心，去捕捉那些最本真的声音。当你觉察到一些自己持续热衷的、积极向上的想法时，马上肯定它，并立刻行动起来。一个人想要有足够的力量，就必须相信自己的内心，这样，你才能舍弃眼前的利益，追求长远的目标，对世界产生一种新的认识。

同时，这个方法还可以用来克服我们的惰性。因为在现实生活中，我们常常遇到很多事，有的事必须在一定的时间内完成，但惰性让我们再三拖延，结果只能草草了事。本来能够做好的事，却做得马马虎虎。

就像我们上班一样，平日都是7点起床，但在冬天，因为天气变冷，大家都成了“起床困难户”，闹钟响了一次又一次也不愿起来，虽然大家知道这样不好，但又无法克服这种惰性，于是反反复复纵容自己。

出现这种情况的原因很简单，就是因为7点钟起床的决心被生活中一些杂念私欲干扰了，不再是单纯地发自内心的决定。只要恢复那个单纯的“起床”念头，就能做到“知行合一”了。

具体怎么做？方法很简单，抓住第一念，不想其他便可。

将起床时间设定为7点，早上闹钟一响，就起床，不让自己有想其他拖延时间的借口。因为你稍一迟疑，许多杂念就会介入，比如说：“再睡两分钟”“好冷啊，真的不想动”等，这样，你永远都无法按时起床，只会让自己向懒惰妥协。

所以，第一念尤其重要，无论做什么事都要控制第一念，这样才能排除外界的干扰，马上行动，克服惰性，完成自己设定的目标。

王阳明在谪居龙场时，虽然常听人说在当地深山“魑魅魍魉之与游”，意思就是说山精鬼怪很多，但他却不受影响，居之泰然，正常的生活、劳作，内心依然平静。

性格的磨砺，需要坚持

日间工夫，觉纷扰则静坐，觉懒看书则且看书，是亦因病而药。

——《传习录》

学生陆澄问王阳明如何立志，王阳明回答：平时注意修身养性，烦扰时就静坐，精神疲倦时，不想看书则偏要去看书，这也是对症下药。

王阳明认为，立志首先要学会自我控制，要有自律的精神。

每天都做一些自己并不愿意做的事情，就能提升自控能力，磨砺、调控自己的心性。要经常强迫自己进入某种状态，你就不会为了完成那些自己愿意做、但有困难的事而感到痛苦。如此一来，你就能很好地控制自己，让这种自律行为变成习惯。

这时，可能有人会反对这种强迫式的规范行为的方法，他们提倡要以一种愉悦、欢快的心情去做自己想做的事，比如：学习、读书、写作、工作，因为有研究表明，大脑只有在一种轻松、愉悦的状态下才能积极地发挥作用。

他们认为这样才够人性化，才顺应了心理学及大脑思维的规律，所以“头悬梁，锥刺股”式的苦读精神也受到了批判，人应该顺应自身的规律，想睡就要去睡，想看书才去看书。

乍一看，这种说法似乎也有道理，得到心理学理论的支持。殊不知，这种看法比较片面，只从简单的心理学来看待问题，而对人性的弱点及人的潜力等方面的因素忽略不计。

人是矛盾综合体，惰性与潜力在体内共存。如果没有压力，人们就不会有动力，行为动作十分懒散，做事拖拖拉拉，得过且过。

只有在感觉到压力的情况下，朝着自己的目标努力，潜力才会被最大限度地激发出来，做别人所无法做到的事。其实，一个有成就的人，他所做的事许多都是被“逼”出来的，他们强迫自己、约束自己、控制自己，将潜藏在体内的才华和智慧充分发挥。

有一位作家，就是通过强迫自己不断地写作，而取得了文学上的成就。

中学时的他，心里一直有要写点什么的想法，因为生活中所经历的事总憋在心中，很烦恼，如果把它们写出来，就会畅快很多。

但是，每当他拿起笔准备写点什么的时候，却什么也写不出来。“灵感”还没出现，他也就不写了。

几年过去了，他还是没有写出点什么东西。

有一天，他碰到了一位已成为大老板的朋友。朋友很热情地要请他吃饭，其间，朋友很神秘地对他说：“老兄，你猜我是怎样才混到今天的样子的？”

他摇摇头说不知道。

朋友笑了笑，感慨地说：“我曾经被无数次的拒绝和失败包围，情绪跌到了谷底，但我没有放弃，总是强迫自己要坚持下去。”

这时，他才恍然大悟，要想取得成功，就要强迫自己。以前，他想写点东西，却缺乏强迫自己行动起来的决心。

那以后，他总是强迫自己静下来，拿起笔，一遍遍地写下去。在这个过程中，他慢慢地找到了一些让写作不那么痛苦的方法。

他为自己规划每天的写作时间，除非有特别重要的、临时发生的事情，否则他的这个计划是不能中断的。即使在这段时间里，他想不到要写什么，也不能去做其他的事，必须要在书桌前坐着，坐够规定的时间。

这时他会想：反正闲着也是闲着，与其在这里浪费时间胡思乱想，不如放下思绪，安静下来做一点锻炼自己的事，能写多少算多少，这样也算是对心智的培养吧。

他的这种想法很有效，让他心中的压力减轻不少，因为当一件事不是要被必须完成的时候，烦躁、紧张和抵触的情绪自然就没有了，所以，就能较为轻松地投入到做事的状态中。既然已经着手某事，就试着用比较特别的心态来对待，不要太在意，尽量放轻松一些，不要抱着必须、一定要完成某项任务的希望，就把这件事当作是自己为了了解更多的知识，以积极好奇的心来学习，让生活更加充实。

在这样的心理暗示下，他发现自己能收获到更多的东西。以前那种“我是不可能写出这部作品了”的负面思想消失了。即使有时实在写不出东西，他也不会烦躁，丢下笔不写了，而是让自己安静下来，头脑放松一下，然后拿起笔重新继续做好眼前的事。

这个策略开始后，他从写作中找到了前所未有的乐趣，自己也越来越热爱写作了。后来，他总是满怀欣喜地把精力投入到写作中，几乎忘记了最初的强迫感，用一颗轻松、愉快的心去工作，效率也更高了。

后来，他成为了一位著名的作家。

王国维曾在《人间词话》中以几首词来比喻古今之成大事业、大学问者，需要经历的三种境界。

第一境界是“昨夜西风凋碧树。独上高楼，望尽天涯路”。这一境界实际是一个强迫自己的过程，寒风萧萧，登高望远，以坚强的意志力对抗寒冷，继续前进，不断求索。

第二境界是“衣带渐宽终不悔，为伊消得人憔悴”。这一境界是对所做之事产生兴趣后，全身心地投入其中，废寝忘食。

第三境界是“众里寻他千百度，蓦然回首，那人却在灯火阑珊处”。这一境界是到了最后，内心的初衷与事业合二为一，成功就是必然了。

单纯地强迫自己做事情，未必就很好，重要的是运用一些巧妙的方法，让强迫的过程逐渐变轻松，这样，也许就能获得意想不到的成功。

—— 外物勿扰，独立无惧 ——

善念发而知之，而充之；恶念发而知之，而遏之。知与充与遏者，志也，天聪明也。圣人只有此，学者当存此。

——《传习录》

好的念头出现时，要及时予以肯定，让它扩充开来。当不好的念头出现时，则要当机立断予以制止，控制住那些干扰自己判断的诱惑。所谓意志力就是这种对好的念头予以肯定并扩充、对不好的念头予以制止的能力。这种能力是上天赋予人类特有的智慧。圣贤皆是有坚强意志力的人，他们无时无刻不在提醒自己要修身养性，才能成为圣贤。一个平凡的人，若要提升自己，意志力的培养十分重要，否则难以成功。

一个人是否具有意志力，表现为他是否能够坚持不懈地去做一件事。其实，每个人的一生，面临的机遇都是差不多的。最终，究竟是谁能取得成功，关键还是看谁的意志力更强，能坚持到最后。

一个人，立下志向要成就一番事业，若能花精力刻意磨炼自己的意志力，他的人生就会出现转机，突破自己，进入更高的境界，让心灵也提升到一定的高度，从而把潜藏于体内的智慧、能力、天赋释放出来。

明朝儒学大师陈献章，自幼聪慧过人，饱读诗书，且读书过目不忘，但后来他参加两次科举考试都名落孙山。他 27 岁那年，拜当时知名的大儒吴与弼先生为师，开始发愤学习。

陈献章虽然很有天赋，但他勤奋不足，很贪睡，每天迟迟不肯起床。

吴与弼治学严谨，对学生的生活和学业也很严格，每当陈献章赖着不起床的时候，他就会在门外大叫："读书人！懒惰是你学习路上的绊脚石，你这样下去，前辈大师们的精髓你学得到吗？他们的思想你还能传承吗？"

陈献章被叫起来后，吴与弼并没有批评他，也没有给他讲授各种学问，而是让他去挖地、簸谷、割禾、种菜、锄草、编扎篱笆等，然后，在自己写字、画画的时候，就让陈献章在一旁研墨，等有客人来时，则令他接待沏茶。吴与弼希望通过这些杂事让陈献章能得到磨炼，几个月后，就让他回去了。

起初，陈献章对老师的这种教学法感到失望，每天除了干一些农活，做一些杂事，一无所获。回乡后，有一天，他静静地思索着那段求学经历，想起了这样一件事：有一天，他和老师在田里割禾时，老师的手不小心被镰刀割伤了，鲜红的血瞬间涌出，可想而知该是多么疼，老师却毫不紧张地说："人怎能被外物所胜呢？"然后，弯下腰，好像什么事也没发生一样，继续割禾。

陈献章这才恍然大悟，误解了先生的良苦用心，原来老师是在用自己的实际行动来教育学生，要有超于常人的意志，不要被外物所干扰。平日里，自己自以为是，自恃天资聪颖，不愿下苦功夫，这就是自己最大的弱点。而老师就是发现了自己的毛病，对症下药，有意安排各种小事，来克服自己的惰性，控制自己的行为，培养意志力。

从那之后，陈献章闭门钻研学问，开始了真正的勤奋治学，一年多都没有出门，把古今典籍都研究得很透彻，有时遇到一个难题，他会彻夜不寝，用凉水浸泡双足让自己清醒。他还修了阳春台，每天静坐其中，专心学习，不让任何人打扰，最后，竟达到了让家人在墙壁上挖一个洞把食物递进去的境界。

凭借这样的意志力，陈献章潜心治学，坚持了数年，终于成为明代著名的哲学家、思想家、教育家、诗人及书法家。最终，桃李满天下的他开启了明朝一代的心学新风。

后人评价说："先生（陈献章）之学，激励奋发之功多得之康斋（吴与弼）。"陈献章天资聪颖，记忆力好，脑子灵活，不可否认，但这样的人往往会自以为是，做事爱找捷径，做学问也不愿下苦功夫。而陈献章后来之所以能发愤，还得感谢老师吴与弼用各种农活杂役来磨炼他的意志。

陈献章通过坚持不懈的实践，悟到了控制自己意志力的奥秘。他说："古之善学者，常令此心在无物处，便运用得转耳。"他的这句话就是告诉大家，要善于把真我置于虚无处，学会不跟着大脑走。其实这就是一个人在修身治学、磨炼意志的过程中最关键的地方。

举例说，有一天，当你在看书时，你觉得有点累了，突然想要去看电视，这时就是头脑在引诱你。你一旦发现这是个不好的念头，就马上坚定、明确地告诉自己："这是大脑的想法，与我无关。"然后，安静下来，观察自己的深层次的思想，不思考、分析大脑产生的想法，也无须与它对抗，只需与它和平共处，控制住自己的行为，把握住自己的真心。

郑板桥的诗句："流水澹然去，孤舟随意还。"就是在描述这种心境。好比一颗毫无牵挂的心，跟随河水肆意流淌，最后，载着一叶孤舟适意而归。

心灵在此时完全融入宇宙，获得了一份安定，而你的意志力也会变得更加强大，集中精力去完成自己的理想，创造奇迹。

抱定志向，全力以赴

先生曰：“你真有圣人之志，良知上更无不尽。良知上留得些子别念挂带，便非必为圣人之志矣。”

——《传习录》

王阳明说：“你若真想做圣人，良知上的清澈需达极点。心若不净，还有挂念，则不是真心想做圣人。”

王阳明的意思就是，做一件事需要百分之百地投入。如果计较太多名利、得失，就会身陷窘境，失去身心平衡，无法发挥潜能。

现实生活中，很多时候因为我们做事不够投入，所以遭遇失败。如果我们全身心地投入，便会出现奇迹。

有这样一个故事：

有一天，猎人让猎狗去追一只受了伤的兔子，岂料，最后猎狗把兔子追丢了，猎狗为此受到猎人的责骂，猎狗委屈地说：“我尽力了。”

兔子逃回洞里后，同伴们都觉得好奇，它是怎么逃过凶猛猎狗的追赶的。兔子说："它追我，尽力而为；我逃命，全力以赴。危急时刻，把我全部的力量都逼出来了。"

故事的寓意很简单，就是告诉我们，认定的事，只要全力以赴，就能激发潜能，获得成功。

"尽力"和"全力"完全是两个概念，只是"尽力"是难以激发人们潜在的智慧和力量的，唯有"全力"才能挑战成功那些看上去似乎遥远而困难的事。

古代奇书《阴符经》上说："瞽者善听，聋者善视，绝利一源，用师十倍，三返昼夜，用师万倍。"盲人因为看不见，把注意力全部集中到了听觉，所以听觉特别灵敏；聋了的人因为听不到，把注意力集中到了视觉上，所以视力很敏锐。同理，做事情坚持不懈，全力以赴就能取得成功。

一个人，如果对某一事物倾注了全部的感情，那么它就被赋予了生命。它有了生命，就越能与你息息相通，达到合二为一的境地，然后，最大限度地激发出自己的才能。所以不管什么事，只要竭尽全力，结果必然不差。

到底怎样做才能达到完全投入的境界呢？

首先，要让自己明白这样做的好处。想一想，如果完成不了它，人生将会有什么样的遗憾。其次，当自己的思维受到干扰时，要立即调整，把注意力集中到事物上，要控制好唯一能够把握的"此刻"。最后，当你克服困难，为了一件事全力以赴时，你会惊讶于你的改变，发现一个全新的、认真的、充满力量的你。

持恒守志，智慧无限

持志如心痛。一心在痛上，岂有工夫说闲话、管闲事？

——《传习录》

对志向的坚持就像心痛，当疼痛占据了整颗心时，哪里还有说闲话、管闲事的工夫呢？所以，王阳明认为，一个人守持志向就得集中全部精力于其上，才能最大限度发挥潜在的智慧。

现实生活，碌碌无为的人们属于意志不坚定的一类，注意力容易被名利、金钱所分散，压根儿做不到“持志如心痛”。

当你还是个学生的时候，你和同学们谈志向、谈抱负，对自己充满信心。可是等到真毕业了，三年、五年、十年，甚至十几年过去了，你们当中究竟又有多少人实现了自己的抱负、取得了成就呢？恐怕昔日的豪情壮志，早已不知所踪。

这说明我们根本不能把持住志向，也可能根本就没有在心中真正树立志向，心中有的只是一种随便说说的快感。

坚守志向，拒绝诱惑，克服困难，持之以恒，就能实现人生价值。

一代儒学大师，“关学”创始人张载就是一个例子。

张载自幼丧父，家境清贫的他却很有志气，从小便研究兵法。21 岁时，得到范仲淹提点，劝他钻研《中庸》。

之后，张载专心致志地读了《中庸》，后来他中了进士，先后当过几任地方官，49 岁时辞去官职，专心讲学著书。

回到家乡横渠之后，张载生活清贫，却泰然自若。讲学时，经常告诫学生要内化于心，“学必如圣人而后已”。

在讲学的同时，张载还不知日夜、废寝忘食地进行理论研究。因此，声望日隆，前来求学的弟子无论贫富一视同仁。

生活虽然清贫，但张载丝毫不以为苦，他只是专一于研究学问，一刻也不松懈，正是凭着这种超强的意志力，儒学著作《正蒙》才得以问世。

也许大家都不明白，张载这样不为名利做学问是为了什么？

其实，这正是“持志如心痛”的真实写照。张载曾言：“为天地立心，为生民立命，为往圣续绝学，为万世开太平。”这是他的人生目标。正是这个目标，使得他“持志如心痛”，时刻不忘使命，专心于学问。

现实中，当我们“持志如心痛”时，难免会有心烦意乱、想放弃的时候。这时，一定要调整心态，给自己加油鼓气，挺过去就万事大吉了。

所以，在遇到困难时，不要轻言放弃，咬紧牙关，就能柳暗花明又一村。通过一次又一次的磨炼，“持志如心痛”就是必然了。

成功就要身体力行

今却不去“必有事”上用工，而乃悬空守著一个“勿忘勿助”，此正如烧锅煮饭，锅内不曾渍水下米，而乃专去添柴放火，不知毕竟煮出个甚么物来？吾恐火候未及调停，而锅已先破裂矣。

——《传习录》

不在“必有事”上花心思，空守着“勿忘勿助”，这就好比生火做饭，锅里还没倒入水，就一味去添柴加火，最终能烧出什么？只怕还没调好火候，锅已破裂了。

小时候，我们对未来充满幻想，随着年龄的增长，我们开始变得现实。

适当的空想，能让人心情愉快，但如果不加以行动，我们就会变得不思进取。

曾经有一位乡下青年，自幼爱好诗歌，且写有大量作品，后来得到一位年事已高的文学大师的赏识和提携，青年的作品被发表在一些文学刊物上，但反响不大。不过，文学大师对青年有信心，依然要求青年把作品寄给他，保持书信往来。

在文学大师的帮助下，青年慢慢地开始小有名气，只是他们的书信交往变得越来越少，青年的语气也越来越狂妄。有一次来信，青年告诉文学大师，他觉得写抒情小诗没有意义，自己是大诗人就写长篇史诗。但是，在以后的书信中，青年却很少提起自己的“巨作”。直到有一天，他在信中告诉文学大师，这段时间自己什么都没写。所谓的“巨作”只是空想而已。好高骛远、不切实际的乡下青年埋葬了自己的前途。

乡下青年的故事印证了王阳明的观点：才华再高，如果无法做到身体力行，也不会取得成功。所以，想和行要结合起来，才能够让生活充实而美好。

第十一章

善念在心，真亦在心

——听王阳明讲存善之心

—— 谦让仁和，受益的不只是自己 ——

处朋友，务相下则得益，相上则损。

——《传习录》

有这么一个故事：

曾经有一对相交甚好的朋友，因为两人都是教徒，便相约一起去圣山朝圣。

他们经过十几天的长途跋涉，终于风尘仆仆地来到了圣山。当他们正在山顶虔诚地朝拜的时候，一位满头白发的圣者突然出现，说道："看你们如此虔诚，我将送给你们每人一个愿望。你们当中一个人先许愿，愿望会马上实现；而第二个人则可以得到那愿望的两倍。"

圣者说完后，专注地观察着这对好朋友。朋友A站出来对着朋友B说："不如你先说你的愿望吧！我比你年长，让你先实现你的愿望！"这时，朋友B急急忙忙地推托着："不了，不了，还是你先说吧，我还得想想呢！""那等你想好了，再给圣者说吧！我们等着你。"朋友A说。

这时，朋友B更加着急了，只见他突然皱着眉头嚷嚷道：“奇了怪了，平时也没见你有如此谦让的胸怀，遇到这事儿你便谦让起来，你生活比我过得好，让我得到两倍的愿望，你也吃不了亏啊！”

朋友A也急了：“怎么就不吃亏了呢？这可是两倍啊，傻子才谦让你呢！要么你先说，要么咱俩都不说！”

听了朋友A如此决绝的回答，朋友B彻底愤怒了，对圣者说道：“圣者，既然他一定要让我说，那我就说了，请你弄瞎我的一只眼睛吧！”话音刚落，朋友B的一只眼睛立刻什么都看不见了。与此同时，朋友A的双眼都失明了。圣者实现了他们的愿望。

这个故事看似可笑夸张，但现实生活中也是常见的。好朋友之间不能相互攀比忌妒，谦让才能使友谊长存。若是选择了比较，那么受伤的则是双方。

从这里我们可以看出，“谦让”才是让友谊更加深厚的交友之道。

“处朋友，务相下，则得益，相上则损。”朋友相处，互相礼让则得益，互相攀比则相损。当然，下上不是特指礼让和攀比，也有谦、诚和妄、满之意，朋友之间，都要互相用心对待。

谦让，顾名思义即谦虚、忍让。故事中的两位教徒若是能稍稍谦让一些，让自己受益较对方少一点，就会收获不一样的结局，而这个结局只会皆大欢喜。但是心胸狭隘的双方在关键时刻都忘记了谦虚和忍让，反而让忌妒冲昏了头脑，做下了伤害彼此的事，这可真是得不偿失。

王阳明的交友之道告诉我们，一个人若想得到一份真挚的友情，受到他人的认同和欣赏，谦卑、忍让是必需的处世方式，若是你事事都以自我利益为中心而不管不顾他人感受，那么，友谊甚至是爱情、亲情都会与你越行越远，让自己从此孤独一生。

一个人立身处世最惬意的方法就像《菜根谭》中所说的："路留一步，味让三分。"行走于狭窄小径时，请留一点余地给朋友；品尝美味佳肴时，请将可口之物留一些给朋友。如此，朋友将不会远走，人生也将不会孤独。

与朋友相处，让一步海阔天空，天长日久，朋友在感受到你的真情后，便会学习你的处世之道，与你谦让而行，所谓"退步原来是向前"，说的就是这个道理。待人接物，用宽大的心怀包容他人，给予他人方便，才能获得日后双方的愉快相处。

上述的处世之道来源于南北朝时代的布袋和尚"弥勒菩萨"所写的《插秧诗》："手把青秧插满田，低头便见水中天，六根清净方为道，退步原来是向前。"

"退步原来是向前"是非常有道理的。但是当今社会，又有几个人能明白其中的深刻含义呢？伴随着经济的繁荣，人与人的相处多了一层攀比之风，比谁的打扮更时髦，比谁的老公更富有，比谁的房子更大……太多的欲望遮住了我们原本纯净的双眼，满眼的忌妒让生活越来越无趣，除了物质，所剩无几。

中国人的"面子思想"十分严重，这是有目共睹的。有车的强过坐公交车的，开宝马的强过开捷达的，开跑车的强过开普通四驱车的，有专属司机的强过自己开车的……可在攀比之后又剩下了什么呢？孤独、寂寞、没有交心朋友，这一切的痛苦都是攀比之心造成的。

好攀比之人是在给自己建造“牢房”，将自己与朋友、与家人一层一层地隔开拉远，让自己孤独终老。

容人之过心地宽

及至吾身与吾亲，更不得分别彼此厚薄。盖以仁民爱物，皆从此出；此处可忍，更无所不忍矣。

——《传习录》

对于包容他人的过错，王阳明有着自己的一番哲学。

嘉靖元年（1522年），一位泰州商人穿着奇装异服向王阳明求学，想拜王阳明为师，王阳明答应了。学习了一段时间，这人便打算自立门户，独自出去游历、讲学，他的行头依然是怪异奇特。临走前，王阳明问他为什么喜欢穿成这样？此人说道：“我此举乃是反对理学陋规、讲究心学尔。”王阳明一听便知他说的这些都是借口而已，便毫不留情地戳穿他的谎言说道：“我看你是怕别人看不起你，才选择穿着奇异的服装！想要出人头地，可不能走如此旁门左道之路！”此人听后，脸上一红一紫，羞愧难当。想到计划已被老师看穿，没脸继续留在这儿，他便想黯然离开。没想到的是，王阳明不但没有计较他的过失，还好言相劝让他留下来继续学习知识。此人被王阳明的善举感动，决定洗心革面，一心向学，最终抛弃“歪思想坏脑筋”，成为王阳明最得意的门生，即泰州学派的创始人——王艮。

作为上级或者师长，不能容忍下属、学生的过错与不足，久而久之就很难在下属或者学生之中树立起威信。

若凡事都锱铢必较，没有一颗包容之心，只会让身边的人如履薄冰般地做事，这样做事肯定不会做得非常完美，到头来还是会影响自己的事业。小事能容，大事指导。作为上级，我们也不能一味地容忍下属的过失，有惩有罚才能促其成长。

楚庄王在中原屡次胜利后，决定设宴款待群臣。为了让大家玩得尽兴，楚庄王让自己最宠爱的妃子向大家敬酒致谢。

此时夜色渐黑，下人们点好的蜡烛在大厅内摇曳着，正当妃子与群臣杯酒相撞之时，蜡烛被一阵狂风吹熄，屋内一片黑暗。楚庄王的妃子站在群臣之间，突然，自己的袖子被一人拖曳住，她费了好大的劲儿才挣脱出来，在挣脱的过程中，她还顺手将此官员帽子上的缨扯断，作为物证来向楚庄王指证此人的非礼行为。

挣脱出来的妃子踉踉跄跄地来到楚庄王面前，满眼泪光地向楚庄王哭诉着。然而，楚庄王的反应让人出乎意料。他说道：“今天宴会盛况空前，请各位开怀畅饮，不必拘礼，大家都把自己的帽缨扯断，谁的帽缨不断，谁就是没有喝尽兴！”群臣听罢大王的话，利索地扯断了自己的帽缨。当蜡烛被重新点燃，每个人的帽缨都已被扯断，非礼妃子的人逃过一劫。对于楚庄王的举动，妃子大为不满，不知其为何意。楚庄王说道：“酒后失态是人之常情，我不能为这一点过错便让我的臣子失颜于人，这不仅会伤了他的心，还会破坏宴会的气氛，得不偿失啊！”

此事不久，楚庄王的军队里便出现了一名勇于杀敌的猛将。这名猛将出现在攻打郑国的战役上。在三个月的时间里，这名猛将带领士兵发起了数次冲锋，杀敌甚多，敌人闻之丧胆，只得投降。战争胜利后，楚庄王为猛将论功行赏时才知晓他叫唐狡，但是楚庄王并不知道的是，这位猛将便是当日非礼妃子的臣子。此次他奋勇杀敌，也有一部分原因是想报答楚庄王的恩情。

“乃至吾身与吾亲，更不得分别彼此厚薄，盖以仁民爱物，皆从此出；此处可忍，更无所不忍矣。”人对草木禽兽都有仁爱之心，对路人、至亲更应是宽容、仁爱，并施以关怀之心。

大肚能容，方能得人之心。领导者在包容下属的同时，也是在为自己留后路，只有容人之过、念人之功、谅人之短、扬人之长，才能得到下属的倾力回报，自己的事业才会辉煌起来。

人生在世，孰能无错？犯错之后的人们，总是想方设法弥补自己的过错，希望改过自新。如此，我们为何不用一颗包容的心来对待他们？为何不多给犯错之人一次机会？给他们一次改过的机会，实际上也是给了自己一次被他人报恩的机会，何乐而不为呢？

——• 将心比心，推己及人 •——

“亲民”犹《孟子》“亲亲仁民”之谓，“亲之”即“仁之”也。“百姓不亲”，舜使契为司徒，“敬敷五教”，所以亲之也。

——《传习录》

王阳明认为，“亲民”就像《孟子》中所说的“亲亲仁民”“亲之”就是仁爱的意思。百姓不仁爱，舜就让契担任司徒，“敬敷五教”，让他们互相亲近。而要和他人互相亲近，人们就需要做到将心比心，推己及人。

王阳明无论是官在要职之时，还是被贬偏远之地，都一如既往地关注百姓的生活，将心比心地为他们着想，从不因自己的困苦而忘却百姓的困苦。

关于推己及人，还有这么一个故事：

春秋时，有一年冬天，齐国下大雪，连着三天三夜还没停。

齐景公披件狐裘皮袍，坐在厅堂欣赏雪景，觉得景致新奇，心中盼望再多下几天，则更漂亮。

晏子走近，若有所思地望着翩翩下降的白絮。景公说：“下了三天雪，一点都不冷，倒是春暖的时候啦！”

晏子看景公皮袍裹得紧紧的，又在室内，就有意地追问：“真的不冷吗？”景公点点头。

晏子知景公没了解他的意思，就直爽地说：“我听闻古之贤君：自己吃饱了要去想想还有人饿着；自己穿暖了还有人冻着；自己安逸了还有人累着。可是，你怎么不为那些挨饿受冻之人想想呢！”景公被晏子问得一句话也答不出来，羞愧难当。

己所不欲，勿施于人。这是千古名言，是仁者之为。在孔子眼里，无论是谁，内心都有仁义的存在。人性本善的另一层意思其实就是人性本仁。仁爱，带给他人包容和理解，给予自己感恩与快乐。

一个良好的人际关系的建设，离不开将心比心，虑他人之所虑的精神。一个有仁德的人，自然会做到“己所不欲，勿施于人”。想要周围的人尊重自己，也就必须先尊重他人，做到“己欲立而立人，己欲达而达人”。如此，才能受到他人的推崇和爱戴。

南宋诗人杨万里的妻子每到天寒时，便早早起床为全家人做早餐，这其中，还包含了家里的仆人。虽已是古稀之年，她仍独自生火、烧水、煮粥。满满的一大锅粥要熬上很长时间，杨夫人每次都耐心地等待。清甜的粥香顺着热气渐渐充满厨房，飘到了院子里。院子的另一边，仆人们伴着这熟悉的香气陆陆续续地起床，洗漱完毕后来到厨房，接过杨夫人盛好的满满一大碗热粥喝了起来。

杨夫人的儿子杨东山看到母亲忙碌的身影，甚是心疼。一次，他劝母亲说：“天气这么冷，您又何苦这么操劳呢？”杨夫人语重心长地说：“他们虽是仆人，但也是各自父母所牵挂的子女。现在天气这么冷，他们还要给我们家做活，让他们喝些热粥，心中有些热气，这样干起活来才不会伤身体。”一席话说得儿子点头称赞。

杨夫人的善行不仅教育了儿子，还感动了仆人。她设身处地地为他人着想的心，得到了仆人忠心尽职的回报，也得到了仆人们对她的爱戴和尊重。

在这个人际关系非常重要且十分复杂的年代，若想拥有良好的人际关系，推己及人的美德必不可少。不论身处何境，将心比心地为他人着想，才能带来真挚的情感，朋友才能越来越多，生活和事业才会有很大的改善和提高。

少一些责备，多一点赞美

大凡朋友，须箴规指摘处少、诱掖奖劝意多，方是。

——《传习录》

王阳明倡导朋友之间相处，应该少一些指责、责备，多一些鼓励、赞扬，这样才能很好地保持两人良好的友谊。生活中，我们更应该对周遭的人采取这样的交往方式，少一些批评责备，多一些表扬鼓励，这样才能让双方愉快相处，共同成长。

批评，是一个十分简单的行为，你可以逮着他人的小过失，如这个人能力低下，考虑事情既不全面又没有逻辑性，还无法做到持之以恒，等等。但是我们要做的是更深入地观察，在他人做事的时候多看到并提出他的优点，让他有兴趣持之以恒地做完这件事，并在做事的过程中找到自信。这样做，不仅让自己多了一个好帮手，更是对此人的一生起到了积极作用。

没有人不喜欢他人对自己的赞美，赞美可以让人更容易亲近，拉近双方关系，是建造良好人际关系的关键之处。

曾经有这么一家人，他们经常搬家，原因在于无法与邻居处好关系。不论搬到哪个地方，住在附近的人们都不喜欢他们一家人。时间长了，这家人十分懊恼，便请教智者，智者给了他们一个解决的办法——要懂得说好话。

听了智者的话，这家的女主人便执行起来。当她在菜市场碰到邻居，便会夸赞邻居的菜篮很别致，还要夸赞邻居很会买菜，买的菜又新鲜又便宜；当她在送孩子上学的途中碰到邻居也带着孩子上学，便会夸赞邻居家的孩子聪明又懂事；当她遇见邻居老太太，就会夸赞老太太最近气色好，显年轻了不少；她对邻居的称呼也有讲究，年长的就叫大娘、婶子、叔叔、大爷，见到年纪相仿的就以姊妹相称……如此一来，他们家便迎来了良好的人缘，生意也渐渐好了很多，日子过得比以往开心愉快了很多。

赞扬，能让受表扬的人感到愉快，也可以让自己的生活有所改善。因为我们都生活在一个社会中，双方的良好关系才能带给彼此快乐心情。赞美绝对是一个很有效的交往技巧，可以缩短人与人之间的距离。

小李和小张在一家公司上班。两人因一次合作不顺利，此后关系一直都不怎么好，彼此都不喜欢对方。一次，小李对小陈说：“我真是不喜欢小张的臭脾气，动不动就闹脾气，不把我们当同事对待。你去劝劝她，让她改改她的脾气吧！”小陈听了小李的话，第二天就找来小张谈心。此后，当小李再次与小张碰面时，小张对她笑逐颜开，还经常主动跟她搭话。小李也不计前嫌，愉快地与小张相处。小李很好奇小陈是如何说服小张的。小陈笑了笑告诉她："我跟她谈心呀，就说我很羡慕她，公司里的人都喜欢她，特别是小李，说她不仅长得漂亮，还温柔善良，上次与她吵架真是不应该。就这些。"

指责和批评只能带来更多的怨恨和不愉快，不仅解决不了问题，还会使双方的关系愈演愈烈。如若换成赞美和表扬，那么事情的结果将大有不同，双方的关系将会越来越紧密，甚至会成为很好的朋友。"理智、美丽和勇敢的赞扬提高了人们，完善了人们。"法国名人拉罗什富科对赞扬也是极度推崇。所以，不论我们面对的是亲人还是朋友，赞扬是维护我们之间良好关系的最佳途径，也是不可缺少的部分。我们应该努力挖掘对方的优点，将他们的缺点缩到最小，当他们自己感到过失的时候，会因你的提醒而容易接受并改正。

王阳明推崇的仁爱精神，也包括了挖掘他人闪光点，多给身边人鼓励和表扬。因为只有这样，我们的社会才会更加和谐，才能得到发展。

用善与爱，感受恶与恨

舜征庸后，象犹日以杀舜为事，何大奸恶如之！舜只是自进于义，以义熏烝，不去正他奸恶。凡文过掩慝，此是恶人常态；若要指摘他是非，反去激他恶性。舜初时致得象要杀己，亦是要象好的心太急，此就是舜之过处。经过来，乃知功夫只在自己，不去责人，所以致得“克谐”。

——《传习录》

关于舜与象的故事，王阳明是这样理解的：

舜被尧征召之后，舜的弟弟象整天都想着如何能把舜彻底杀死，这是多么奸邪的事情？与此同时，舜却将精力花在如何提高自己修养上，学会自我克制，用仁义去感化象，而没有直接指出象的奸邪之事。然而，文过饰非，就如同恶人一般会故意掩盖自己的邪恶一样，如果直接指出他们的邪恶，反而会激发这种邪恶，让他变得越来越坏。舜最开始感化象时，仍然引起了象的杀机，也是因为舜太过心急，这是舜的过错。此后，舜才明白，若要得到和谐的关系和氛围，关键在于自己，责难他人是最不应该做的事。

老子所提倡的“以德报怨”也是这个道理：对待恶人，不能用恶来回报他们，反而应该用善良的心来感化他们。如此，才能激发出恶人内心的善良和仁爱，从而认识到自己的过错，并且自己主动地改过自新。

《老子》中曾写道：“民不畏死，奈何以死惧之。”意思是，人民不怕死，那么若是用死来恐吓和威胁人民又有什么用呢？老子的这番感悟，是来自春秋时期的政治局面。当时，整个社会十分混乱，民不聊生，许多人为了生活，或聚而为盗，或揭竿造反。尽管朝廷用“砍头”来约束民众变成良民，也无法改变现状。

老子的这番感慨当然不是针对那些被逼上梁山的穷苦人民，而是泛指官府镇压盗匪的蛮横手段。老子认为，为什么一时间会有如此多的良民沦落为山上强盗？原因很简单，做良民没有活路。官府年年征收税务，自然灾害的来袭，都使当时的人民叫苦连天，唯有参与强盗的组织，搜刮一些富人的钱财，才能填饱肚子。在弹尽粮绝的生存环境下，再用“死”来威胁这些民众，显然是无用的。但若是在国泰民昌的状态下，用法律的手段来约束民众，将会起到十分有效的作用。

实际上，如果人人都生活在一个稳定又富足的环境下，将不会有人自甘堕落成为坏人。老子的感慨可以如此总结：“让好人有条件做好人，让坏人不需要做坏人。”国学大师南怀瑾这样解释老子的“以德报怨”的思想：“你对不起我，我不恨你，不报复你，反而对你好，乃至把你感化。”这就是宽容的心态所带来的强大力量。

一个人在憎恨别人的时候，心里总是邪恶的，希望他人遭到不幸与惩罚，在没有如愿的时候又会产生失望和烦躁感。在憎恨他人的时候，心里总是看到别人的短处而忽略其优点，总是在言语上贬低他人、在行为上敌视别人，最后使得两人的人际关系越来越僵。但如果以德报怨的话，又有怎样的结果呢？答案很简单："以恨对恨，恨永远存在；以爱对恨，恨自然会消失。"

宽容是智慧的表现，宽容曾经伤害过你的人则是大智慧的表现。以德报怨，是成熟的象征，如此，人生便能收获幸福与美满。因此，在我们面对别人对你的伤害时，请用安抚的手法来感化、熏陶那些伤害你的人，用善良引导他们发现过错，改过自新。

第十二章

持之恒心，付之耐心

——听王阳明讲信念之心

自信的力量

人胸中各有个圣人，只自信不及，都自埋倒了。

——《传习录》

每个人的心里都住着一位圣人，只因为没有自信，都将自己心中的圣人埋没了。

想要获得成功，个人的自信是第一重要的因素，这也是历史上伟大人物能成就自己的主要原因之一。

如此推理，我们可以知道，这世上每一个成功的伟大人物，他们的骨子里都有一股很强大的力量，这种力量的名字就是——自信。

如果我们也想成为成功的人，在这个社会上能有一席之地，那么就应该培养自己的信心。从古至今，每一个实现自己理想的伟大人物，不论在怎样的环境和条件下，都是十分自信的。毛主席也曾经说过：“自信人生二百年，会当水击三千里。”正是因为他对自己的信心，对整个国家的信心，以及卓越的领导才能，才最终带领人民解放了全中国，成立了伟大的中华人民共和国。

成就大事，除了必备的聪慧和能力，更需要坚韧不拔的意志，这种意志其实就是对自己必胜的自信心。正如苏轼曾说：“古之成大事者，不惟有超世之才，亦必有坚韧不拔之志。”

宋代有一个著名的军事将领，名叫李卫。他与九个铜板的故事，让很多人拍手称赞：

一次，李卫带领的军队在与敌军交战时，中了敌人的埋伏，李卫所带领的小部分军队被敌军围困在一座无路可走的山丘上。敌人不仅将李卫的大部分军队与他们分割开来，还增添了士兵来围困他们。这时，山丘上的士兵都被这一情况吓住了，他们个个神情低迷，感觉今日之战必败，完全没有作战的热情。

面对这样的情况，李卫不仅没有对自己失去信心，还想出了一个绝妙的鼓舞士气的办法。只见他对士兵们说道：“我想到了一个办法来指导我们接下来的行动。我们让上天来帮我们作个决定吧。我这里有九个铜钱，我会将它们一起抛起，如果落在地上的每一个铜钱都是正面的，就说明老天会保佑我们突围，并且一定会成功；但如果我的九个铜板之中，哪怕有一个铜板掉下来后是反面的，就说明老天在指示我们赶紧投降。你们觉得这个办法行得通吗？”结果，将士们很赞同李卫的办法。于是，李卫拿出他的九个铜板向上抛起，铜板应声落地，奇迹随着发生了——九个铜板全部向上。众将士们看到此情此景，个个自信满满，最终他们在李卫的带领下成功突围，不仅如此，他们还在突围的过程中消灭了不少敌军士兵，打得敌军四处逃窜。

突围庆功时，将士们才知道真相。原来李卫的九个铜钱两面都是正面，无论怎么抛，掉下来的九个铜板都会是正面向上。但是，正是因为这九个铜板，才让士兵们感觉仿佛受到天意的保护，才鼓起勇气，杀出重围，获得新生。

其实，正是有了这股自信，才让自己强大起来。一旦失去了自信，那么就会让自己掉入恐惧和失败里。

所以，我们说自信是一个人的立世之本并不夸张。为了成功，我们就必须让自己充满自信，只有自己相信自己，才能有无穷的力量迎来胜利，获得成功。

带着信念飞越荆棘

“事天”，虽与天为二，已自见得个天在面前；“俟命”，便是未曾见面，在此等候相似。

——《传习录》

王阳明在《传习录》中写道：“事天”，意思是一个真诚效法天道的人，尽管还没有达到“天人合一”的境界，但自己却依然觉得早已与上天近在咫尺；“俟命”，意思是尽管还没有达到那样的状态，但心里却一直告诉自己，必须在这里等候一样。

这段话的意思是，只有始终保持对生活的希望，始终拥有对人生成功的信念，才会有动力和毅力继续走在前进的路上，才有勇气和自信迎来胜利的曙光。

“天助自助者”说的就是这样的人：在看似濒临绝望的人生道路上，走出属于自己的一条光明大道；在受挫的命运面前，一次次站起来微笑对待人生的不公，保持对美好未来的信念，坚持自己的伟大理想。如此，才能获得上天的喜爱和帮助。如果自己都不愿意帮助自己渡过生命的难关，又指望谁来拯救你于水深火热之中呢？

这也是发生在古时候的一件事：

在一个大雪纷飞、天寒地冻的冬天，一支军队被敌军围困在一座雪山上，他们处在饥寒交迫的状态，没有食物和水，只能靠山上的雪来止渴充饥，眼看已被逼入绝境。

在这样的情况下，将军发挥了不可小觑的积极作用。他对将士们说道：“在出征前，我曾收到过神的指示，他告诉过我，我的部队会在这次战役中受到较大的重创，不仅如此，还会受到自然灾害的侵袭。但是，他说在未来两天，大雪就会停止，并且我们还可以不费吹灰之力地打败敌军！”将军此话虽带迷信色彩，但对于当时的士兵来说，却是很大的鼓舞，带给他们很多信心。

于是，两天后，尽管雪还没有停下，但获得“神明启示”的士兵们个个精神抖擞，士气大振。终于，他们在高涨的士气下攻破了敌军的围堵，来到安全之地，躲过这次灾难。

我们都知道，这个世界是不存在可以挽救自己生命的神明的，挽救他们于水深火热中的是心中的信念和希望，信念可以令一支被困的军队突破重围，信念也可以让一个人重生。

曾经有一个久经商场的女士在多年经商后积攒了一笔不少的钱。于是，她将这些钱都投入房地产。不料，最终她的这些钱全赔了进去，不仅如此，她还因此欠下几十万元。

面对突如其来的灾祸，女士悔恨交加，恨不能马上解决了自己。俗话说，哀莫大于心死。这件事让她完全懵了，她忘记家人朋友，忘记了这些年的快乐事情，眼前全是自己欠下的债，顿时，她如同走进永无止境的黑暗之中，看到的全是绝望和无助。

终于，她再也无法忍受这种痛苦和绝望，她来到一座高楼的楼顶，准备从那儿跳下去了结束自己短暂的生命，用这样的方式逃避自己欠下的债务。

当她站在楼层最高处时，迎面而来的风吹拂着她苍白无力的身体，她感到一阵舒适和娴静，突然发现了生活的美好。于是，她抬起头来，扬起久违的微笑，对自己说："这么几十万就要如此轻率地结束自己年轻的生命？你也太可笑了！"

于是，只见她慢慢地走下楼去，就像一开始只是为了上来吹吹风透透气一般。当她回到家里，忧郁的情绪荡然无存，生命的活力又出现在她身上。

就这样，她带着如同新生的活力重新开始了自己的事业，在商场里摸爬滚打。虽是欠债几十万元之人，但她依然活得潇洒自在，信心满满。终于，在第三个年头的春天，她再次积攒了足够的财富，在还清债务之余，自己还开了一家公司，成为一位名副其实的商场女强人。

当有人询问她是如何渡过这个难关的时候，她说道："是信念和志气拯救了我。如果我们有信念，我们就有希望；如果我们有希望，我们就会坚持；如果我们有坚持，我们就会成功！"

"山重水复疑无路，柳暗花明又一村"说的正是这个道理。它告诉我们，当我们身临困境时，我们不能将其看作绝境，任何一种情况都会有余地留给自己，将光明之道开拓得越来越宽才是明智的决定。所谓"否极泰来"，就是说当你处于看似绝望无比的境地时，往往还有另外一条朦胧小径等待你去摸索和体验，只要你有希望、有信念、有坚持，便有成功。超越自我，就是在这一步一步中实现的，只有体验过这个过程，才能创造出奇迹！

信念，是一个人在接受了外界信心后，汲取其中的精华，受到启示和鼓舞后形成的一种内心澄澈的境界。

在这个过程中，我们的自主能动性会无比强大和主动，去对那些纷繁复杂的信息做出甄别和选择，让自己建立积极正确和有意义的信念。

当然，我们也会不自主地陷入负面情绪和思想的旋涡。当发现自己意志消沉，没有动力做事、学习，突然看不到人生的希望和自己的前途时，那么，就应该警觉起来，努力让自己摆脱这些负面情绪，及时调整好自己的心态，让自己尽快从困境里走出来，面对新的生活和新的希望。

我们的心情决定着我们的生活。当一个人情绪低落时，他看到周围的方方面面都是糟糕透顶，所有的东西在他看来都是扰乱他生活的烦心之物，所有他的亲朋好友都瞬间变成敌对的一方。但是，这只是自己的心情所折射出来的不真实的景象。当我们心情很好的时候，再回过头来看看，真正扰乱自己心神的仅仅是自己的坏心情。所以，有人说："当你心情很差时，一定不能做任何一个决定。"那么，当我们心情不好的时候应该怎么恢复好心情呢？首先，我们需要为自己找一个安静的场所，让自己完全放松下来，仔细思考自己情绪低落的原因，慢慢分析自己是否有必要为这些事伤身伤脑，尽力去解决一些事情。若只是自寻烦恼，就让自己一个人听听美妙的音乐，让心情随着跳动的音符快乐起来。如此，糟糕的心情便会烟消云散，不见踪影。

自我安慰、自我催眠也是治疗坏情绪的好方法之一。当发现自己垂头丧气，无心学习和工作时，可以有意识地给自己做心理辅导。我们可以深吸一口气，先让自己振奋精神，努力投入一件事上，将繁杂之事抛一边。在专注完成一件事的时候，此前的阴霾便会渐渐散去，让内心充满正能量，注入积极的情绪。

当你完成这件事的瞬间，你会感到一股暖气从心底蔓延开来。那是坏情绪消失，好心情到来的象征，是心灵强大的标志。

当自己的思想在与正面的、积极的思想碰撞时，并努力接受它们之后，就会让自己的内心产生一种强烈的且不可思议的信念，这就是改变命运的关键之处。

命运掌握在自己手中

何不以尔等为贼之勤苦精力，而用之于耕农，运之于商贾，可以坐致饶富而安享逸乐。

——《告谕涮头巢贼》

王阳明担任南赣汀巡抚进剿所谓的“山贼”时，在他所发的《告谕涮头巢贼》一文中有这样一句话：你们冒着如此大的危险做一些见不得人的买卖，死后留下一个“贼”的千古骂名，这是何苦呢？为什么不将你们偷盗的精力用在农事生产和经商上面呢？如果你们够用心专注，你们一定能获得丰厚的财富，坐享安逸的生活。

所以，当我们陷入困境和负面情绪的时候，应该努力将这些负面的能量很好地转换到正面的事上来，如此，你将会发现一片新天地。

如果我们面对挫折和命运的嘲弄时，不能把握自我，就很容易走上歪路，让自己陷入更大的旋涡中，从此无法自拔。

我们每个人的潜力都是无法估量的，若是没有动力挖掘自己

的潜力和智慧，那么只能碌碌无为地过完一生。但如若经历了波澜壮阔的起伏跌宕，便能激发自己，让自己有冲劲和动力来面对人生。这一股冲劲若是延续下去，将会带来更多的动力和信念，让自己在无意中开发出很多意想不到的潜力和智慧。

韩信年少时，十分喜爱宝剑，他还时常将宝剑佩戴在身上。当时，一个年少的屠夫十分看不惯韩信这种看似炫耀的举动，便堵住韩信的路，挑衅地说道："你看似高大强壮，且喜爱佩戴宝剑，但依我看，你只是外刚内柔，想用强大的外表来伪装你胆小如鼠的内心而已。"年少的屠夫还得寸进尺道："若是你不赞同我刚才的说法，你就用你身上的宝剑一剑杀了我来证明你的勇气；但如果你不敢杀了我，就说明了你的内心胆小，你就必须从我的胯下爬过去！"

韩信被这突如其来的询问惊呆了，他两眼无神地盯着少年屠夫，内心十分纠结。但是，不一会儿，他调整好自己的心态，做出了常人无法做到的决定。他看着那个少年，俯下自己的身子，慢慢地从少年的胯下爬了过去，然后站起身来甩甩身上的泥土，默默走开了。只听见身后无数的嘲笑和谩骂声平地而起。

此后，韩信奋发学习兵法，终于当上了刘邦的大将军。他四处征战，在战场上所向披靡，成就了自己一番伟业。被封为楚王的韩信，在某一日召见了曾经侮辱过他的少年，此时的他已是一位中年屠夫。韩信并没有利用自己的位高权重惩罚这个屠夫，反而赐予他一个官职。他对官员们解释道："此人曾经侮辱过我，我受过他的胯下之辱，而今，我却不能杀了他，反而要重赏他。因为正是经历了这般侮辱后，我才能有动力为此后的成就付出努力和艰辛，才能成就我今天的丰功伟绩！”

生活里，很多人都会遭受不同的痛苦和挫折。一些人可以如韩信一般通过自己的努力自我完善、自我提高，以达到脱离困境的目的。但大多数的人却选择了自我放弃、怨天尤人的黑暗之路，最终让自己走进彻头彻尾的黑暗。如此看来，能否让自己走上光明之路，全看自己是否能把握住自己，能把握住自己的人便能拥有美好的未来。

怎么做才能把握自己呢？我们需要做的是返观内照，看看自己的内心世界，把握自己的情绪。而把握自己的情绪，就必须客观地感受和认识自己的情绪。

那又怎样认识自己的情绪呢？我们需要为自己的心灵腾出一片安静的空地，让自己置身其中。此时，我们需要将脑中复杂的思绪一一整理一遍，整理完后，让自己一条一条地摆脱这些思绪，如同旁观者一般分析这些情绪，看看是非对错。

也许，你会被一两条思绪所吸引并且纠结其中。这时，你需要提醒自己，我只是个旁观者，看清对错就好，无须纠缠其中。

如此，经过长久的练习，我们心中的杂念便会慢慢消失殆尽，让自己的心灵进入一种恬静美好，如同刚出淤泥的荷花一般干净。此后，你对自己的思绪的观察会越来越深入，你会知道，其实自己的情绪和思想本来是没有任何力量的，它们之所以在以往的日子里能支配自己的行动，是因为我们的心灵不够平静强大，无法控制和把握这些杂念而已。

一个人的心只要平静无杂念，内心就会形成一种强大的定力和魄力。当面临突如其来的刺激和挫败时，便能冷静且理性地分辨其中的厉害，并且做出正确的补救和选择。

如此一来，不管以后面临怎样的情绪时，我们都能清楚地洞悉这些情绪的真实面目，从而不再浪费时间和精力纠缠于此。我们要做的只是一笑了之，放下这些杂念，做更加有意义的事。我们应该成为情绪的主人，支配它们让自己更健康、更努力地活下去，而不是被情绪左右，沦为它们的奴隶，让自己离成功越来越远。

一个有理想抱负并且努力实现的人，一定是一个具备坚定信念之人。他将不畏路途的遥远与坎坷，他将不怕生命的困境和挫折，他将不被情绪左右，他将一定能成就自己。因为他知道，上天赋予了他的理想，而完成这个理想的，只能是他自己，他将为此付出很多努力。正如曾子所说：“士不可以不弘毅，任重而道远。”

—— 用心发掘自己的潜力 ——

夫学、问、思、辨、笃行之功，虽其困勉至于人一己百，而扩充之极，至于尽性知天，亦不过致吾心之良知而已。

——《传习录》

对于天才的定义，王阳明是这样认为的：学习、提问、思考、分辨、笃行的功夫，尽管一些人领悟能力低，需要付出比他人多数倍的努力，但努力到了一个程度，让自己能彻底领悟本性，了解自然规律，至于能不能成为天才，只不过是额外之物了，最主要的是我已经对得起我的良知。

这段话想说的是，一个天性稍微愚笨一点的人，只要通过自己加倍的努力追求成功，成功便会如期而至。古往今来，很多成功的人都不是所谓的“神童”。他们往往都是一些看似天资不好的人，没有人会相信他们能成就此后伟大的事业。但是，通过他们加倍的努力和不懈的坚持，他们让所有人都刮目相看，他们为我们树立榜样，用自己的行动和成果告诉我们，只要肯努力，你就是下一个天才！

而那些从小看似聪明伶俐、能成大器的人，往往都是在人们的赞美声中被冲昏了头脑，认为自己天资过人，无须努力，最终让自己一事无成，埋没了自己的天赋。

努力、勤奋、持之以恒可以让普通人变成天才，反之，堕落、懒惰、半途而废也可以让天赋异禀之人沦落为庸才。

大诗人杜甫与李白齐名，但是，小时候的杜甫与同龄的小孩相比，资质并不高，甚至还稍显逊色于他人。

杜甫的爷爷杜审言曾经中过进士，是一位博学多才之人。由于杜甫的爸爸资质不高，无法继承杜审言“诗书传家”的事业，杜审言便将厚望寄托在杜甫身上。

但是，事与愿违，杜甫继承了其父不高的天资和不太灵光的头脑。5岁的杜甫甚至不能背诵出一首短诗，而与他年龄相仿的许多小孩都能背诵十首以上的短诗。尽管爷爷日日伴读，但杜甫的提高却很缓慢。终于有一天，爷爷的耐心到达了极致，他很生气地斥责杜甫天资愚笨，没有继承他的半点才学。

受到训斥的杜甫心里难过至极，但他并没有因此怀疑自己的智慧，他决定用苦读的方式来提高自己的阅读和背诵能力。此后，每天天刚蒙蒙亮，在杜甫家的小院里总会出现一个正在背诵诗歌的小孩的身影，他就是杜甫。

刚开始自学的杜甫感到十分吃力，一首短诗阅读多遍都无法理解其中的含义，他便选择死记硬背，他觉着背得多了，理解能力应该会有所提升。果不其然，当杜甫将整个身心都投入阅读和背诵诗歌后，他发现自己对诗歌的领悟能力和记忆能力都有很大的提升。不久之后，他在一天内就能理解并且记住五首诗。这让全家人都惊诧不已，开始感慨这孩子超强的理解能力和记忆力。如此奋发图强一年之后，杜甫便能将300多首诗背得滚瓜烂熟，并且还常常将一些喜爱的诗歌默写下来以增强记忆。

12岁的杜甫，理所应当地成了家乡远近闻名的神童。杜甫的“神童”荣誉，并不是与生俱来的，而是通过他自己的努力得到的。天才，是一分的天赋加上九十九分的努力。

天赋不高并不能成为我们成功的绊脚石，更应该是我们加倍努力的理由。天赋高也并不是通往成功之路的必然条件，还有可能成为光明之道的阻碍物。

《伤仲永》中的仲永就是一个很好的例子：

年幼时的仲永是个异常聪慧的小孩，他不仅能背诵多首短诗，还能自己创作一些诗。乡里人都惊奇他的才智，纷纷邀请他去家里表演这种才能。

仲永的父亲是一个平常之人，对邻居们的赞扬他感到十分满足，虚荣心一天天膨胀起来。为了满足自己的虚荣心，他经常带着儿子到各处去应酬，只为让儿子卖弄一下自己的才能。

二十年过去了，长大成人的仲永已经不同往昔，天赋已被磨尽，完全与普通人没什么区别。

通过杜甫和仲永两个比较极端的例子，我们可以知道，“天赋”

并不是成就一个人的必然条件，所以我们一定不能迷信天赋，受困于天赋。

如果想成为天才，就必须让自己的内心充满信念，让自己对梦想始终坚持，让自己具备愈挫愈勇和百折不挠的韧性。

天才之所以能成为天才，是因为他的内心有一种定力——不达目的决不罢休，他能为达到一个目的而付出自己最大的努力。所谓“人一己百，扩充之极”说的正是这个道理，有了这样的定力，便能将主观能动性发挥到极致，从而达到自己的目标。

这种定力应该如何得到呢？专注是形成这种定力的必要条件。我们可以从做简单细小的事来培养自己的专注力，当自己沉浸在做这件事的时候，自己的专注度和定力也在渐渐形成。长此以往，你便能从完成的一件件小事中找到兴趣点，从而更加深入地展开研究，当这些细微之事一件件完成后，你便能从中找到兴趣，内心的能量也会越来越强大，对处理任何事的耐心也会越来越多。

当我们的内心强大到一定程度，我们的洞察力也会越来越强大，我们能轻而易举地看到事物的光明所在，并且从中挖掘。时间长了，我们整个人都会发生翻天覆地的变化。

所以，只要一个人的内心足够强大，通过长期的努力，便能将自己的天赋发挥到极致，内心的原动力也会随之被激发出来。

当我们做一件事时，如果将注意力全部集中在此，用心去感受推敲每一个细节，你的心便会变得平静自由，并且会越来越想要追求这样专注的感觉。

用心做事，会把整件事都融入我们的心灵。我们的心灵在长期的专注下，便会拥有一种大智慧。

当我们的心灵达到一定的境界后，强大的正能量就会一直推动你不断地前进。如果现在的你对事业和学习的兴致不高，不妨让自己先从工作中的小事做起，一点一点地磨炼自己的心性，如此，你将会得到不一样的收获。也许，下一个天才就是你。

摆脱欲望的控制

问："声、色、货、利，恐良知亦不能无。"先生曰："固然。但初学用功，却须扫除荡涤，勿使留积，则适然来遇，始不为累，自然顺而应之。良知只在声、色、货、利上用功，能致得良知，精精明明，毫发无蔽，则声、色、货、利之交，无非天则流行矣。"

——《传习录》

一次，学生问王阳明一个问题："声、色、货、利，恐怕良知也不能没有吧？"王阳明回答道："当然有。但是，人们在修身养性的初期，必须将声、色、货、利抛到九霄云外，甚至不能掺杂任何一点。如此，就算偶然接触到这些，也不会成为心灵的负担，自然能够按照良知来理解和处理。其实，致良知就是要对声、色、货、利这些欲望下功夫，只要自己的良知纯洁无瑕，那么就算我们必须与声、色、货、利打交道，也只不过是顺应天命罢了。”

声，歌舞也；色，美色也；货，金钱也；利，私利也。这些都是人们欲望的象征。不是每个人都能成为无欲无求的得道高僧，但如若欲望太强，便会很容易沦为欲望的奴隶，让自己在人生路上越走越累。王阳明总结出欲望对人类造成的影响后，告诫人们，如果要使自己的生活简单快乐，就必须要对声、色、货、利下足功夫，减少自己对物欲的渴望与追求。

很多人都想得到意外的财富，而且越多越好，他们往往看不到欲望带来的祸害的严重性。

有这么一个人，他无意间得到了一张藏宝图。藏宝图里指示，某森林里埋藏着巨大的财富。于是，他准备好道具想要立即赶往森林。为了得到更多的宝藏，他还特地准备了四五个大袋子。他按图索骥，终于在历经凶险后来到了第一处藏宝地。当他看到此处铺满的金币后，他激动地将所有金币都装入口袋，准备赶往第二处藏宝地。当他出门时，门上突然显现了一排字：“知足常乐，适可而止。”

他不屑地笑了笑，心想，这么一行字是不能阻止我赶往第二处挖宝藏的。当他来到第二处藏宝地时，摆在他面前的是一大箱金光灿灿的金条。只见他贪婪地打开自己的第二个大口袋，使劲地往里面放金条，当他正要装完金条时，箱子上也突然显现一行字：“如果你懂得满足，请放弃下一处的宝藏。”

他仍然不为所动，毫不犹豫地赶往下一处藏宝地。第三个藏宝地让他目瞪口呆，满满一屋的钻石闪闪发亮，他沉浸其中一小会儿后，立马开始将钻石装进自己的口袋里。装着装着，更奇怪的事发生了，小屋地板上突然打开一道门，他想，或许下面有更珍贵的宝石等待我去挖掘呢！于是，他毫不迟疑地跳进这个狭小的通道。然而，等待他的并不是价值连城的珠宝，而是一片流沙。他在流沙中挣扎着、后悔着，最后越陷越深，一个人消失在荒芜的沙漠里。

我们想想，如果这个人不那么贪婪，懂得知足常乐的道理，那么他此生肯定会过着特别富足的生活。现实生活中，我们不难发现，只有很少一部分人能在声、色、货、利面前保持冷静、清醒的状态，大多数人对财富、权力的渴望都是无休无止的，最后，只会将自己葬送在这些欲望里。

明末清初有一首打油诗叫《解人颐》，对人的欲望做了入木三分的描述："终日奔波只为饥，方才一饱又思衣。衣食两般皆俱足，又想娇容美貌妻。娶得美妻生下子，恨无田地少根基。买到田园多广阔，出入无船少马骑。槽头扣了骡和马，叹无官职被人欺。当了县令嫌官小，又要朝中挂紫衣。若要世人心满足，除是南柯一梦兮。"如果不想让自己的欲望到头来只落得个"南柯一梦"，就必须让自己适时地摆脱欲望的控制，懂得适可而止的道理。欲望是我们前进的动力，欲望也可以很容易地让我们成为它的奴隶，认清欲望，学会控制欲望，才能让自己在人生路上稳步前行。

——· 圣贤不重虚名 ·——

圣贤非开功业气节，但其循着这天理则俜是道，不可以事功气节名矣。

——《传习录》

王阳明提倡：“圣贤不是没有功业气节，他们只是遵循天理，这就是道，圣贤不是以功业气节而闻名的。”

在王阳明看来，具有真才实学的人并不会看重“功业气节”，更不会用一些虚名来证明自己的才能和优秀。他们对所谓的“功业气节”持不屑一顾的态度。恩格斯就是一个例子。他特别反感别人称他为“导师”。一次，他在给自己的学生回信时，开篇就写了一句话：“请不要把我称作导师，我的名字叫恩格斯。”两次获得诺贝尔物理学奖的居里夫人把自己获得的奖章给孩子当玩具，很多人对此十分不理解，她淡定地回答道：“我是想让孩子们从小就知道荣誉就像玩具，只能玩玩而已。”

王阳明对虚名也是不屑一顾的。虽然他为了夺得功名几次参加科举考试，但是他的目的并不是在夺得功名上，而在于功名背后的意义。当他第一次落榜时，他就说明了参加科举考试的意义：

“我确实很难过，不过并不是因为没有获得功名难过，而是因为不能尽早为国家效力感到难受。”从王阳明的政治生涯，我们可以看出，他的确是在全心全意为国家效力，从没有因为自己位高权重而骄傲自满。正是因为他抛开了虚名，做到了为百姓谋福，才得到后人的尊重和推崇。

尽管人人都知道不应为追求虚名而劳神伤身，但还是有很多人为了得到一些虚名让自己头破血流。虚名，有名无实。我们不应该被虚名迷惑，更不应贪恋虚名。

古时候，有一个书生因为学习晋人车胤借用萤火虫的光在夜里读书而出了名。家乡的人都十分敬佩他刻苦用功的精神。一天早上，家乡有一人去拜访他，想向他请教几个问题。当他来到这个书生的家里时，发现他并没有在家，他很意外，觉得书生是不会浪费大好清晨的。这时，书生的家人告知拜访者，书生白天都去抓萤火虫了，傍晚才会回来。

车胤夜间借萤火虫的光读书，是真心用功、诚意求知。但这个书生放下大好时光不读书，反倒去抓萤火虫晚上读书，完全就是装模作样，是虚伪的表现。表面上，书生的“名誉”是有了，人人都称赞他好学习、爱求知。但是，时间久了，马脚就会露出来，自己也学不到真知识。

长此以往，那位书生还是会被虚名所累，从而荒废美好的一生。虚名本身是毫无意义、毫无价值的，也许它能带给你一时的快乐和满足，但它并不能为你增添多少知识，虚名只是一个噱头而已。有真才实学的人完全不会理会虚名，仅仅按照自己真实的需要来做事。

贪图虚名，不仅不能带来好处，反而会为之所害。慈禧太后为了虚名，葬送了富饶的国家；宋襄公为虚名而祸国；一些官员为了虚名开展无意义的项目工程，最终让百姓的血汗钱付诸东流；一些商人为了虚名投机取巧、损人利己……类似的例子不胜枚举。因此，我们应该抛开虚名，踏踏实实地做自己，干利人利己的事。

郑板桥先生说过："名利竟如何，岁月蹉跎，几多风雨几晴和，愁风愁雨愁不尽，总是南柯。"人生如此短暂，若是为了追求虚名而蹉跎大好时光，若是为了虚名而伤害自己、折磨他人，若是为了虚名而放弃追求自己真正的理想，都是十分错误的选择。就像王阳明所说，如果一味地追求名誉，人们不但不会懂得真实、淳朴的道理，反而会让自己的人生徒增烦恼。